"十三五"职业教育国家规划教材

U0331944

化妆基础

（第二版）

主编　郭秋彤　林静涛

高等教育出版社·北京

内容简介

本书为中等职业学校休闲保健类专业教材，贯彻面向市场、服务发展、促进就业的职业教育办学指导思想，并参照有关行业的职业技能鉴定规范，在第一版的基础上修订而成。

本书共分七个项目，内容包括化妆概述、化妆品和化妆用具的应用、化妆的基本步骤和修饰方法、化妆色彩、矫正化妆、不同妆型的特点与化妆技巧、化妆造型。本书力求教学目标明确，知识点突出，理论与实践相结合，内容循序渐进，简练易懂，并结合新技术在书中配以十五个二维码，通过扫码可观看操作示范，教学更加直观。

本书可供中等职业学校休闲保健类专业学生使用，也可作为成人教育培训教材，还可以作为在职美容师提高化妆水平的辅助用书，广大化妆爱好者自学时也可以使用。

图书在版编目（CIP）数据

化妆基础 / 郭秋彤 , 林静涛主编 . -- 2 版 . -- 北京 ：
高等教育出版社 , 2021.3
ISBN 978-7-04-055157-0

Ⅰ . ①化… Ⅱ . ①郭… ②林… Ⅲ . ①化妆 – 中等专业学校 – 教材 Ⅳ . ① TS974.12

中国版本图书馆 CIP 数据核字 (2020) 第 191480 号

化妆基础
Huazhuang Jichu

策划编辑	皇 源	责任编辑	刘惠军	封面设计	王 洋	版式设计	王 洋	
责任校对	胡美萍	责任印制	刘思涵					

出版发行	高等教育出版社	网 址	http://www.hep.edu.cn	
社 址	北京市西城区德外大街 4 号		http://www.hep.com.cn	
邮政编码	100120	网上订购	http://www.hepmall.com.cn	
印 刷	唐山市润丰印务有限公司		http://www.hepmall.com	
开 本	787mm × 1092mm 1/16		http://www.hepmall.cn	
印 张	11.25	版 次	2017 年 8 月第 1 版	
字 数	250 千字		2021 年 3 月第 2 版	
购书热线	010-58581118	印 次	2021 年 3 月第 1 次印刷	
咨询电话	400-810-0598	定 价	39.00 元	

本书如有缺页、倒页、脱页等质量问题，请到所购图书销售部门联系调换
版权所有 侵权必究
物 料 号 55157-00

第二版前言

本书为"十三五"职业教育国家规划立项教材，依据教育部《中等职业学校休闲保健类专业教学标准》，结合行业发展变化的新要求，在第一版的基础上修订而成。

根据中职学生实际情况、教学改革要求、相关行业职业技能鉴定规范，修订时重点突出专业特点、体现工学结合，具体修订工作包括以下两方面。

1. 更新专业名词、更新图片

化妆技术随着潮流趋势的变化，从专业名词到操作技法都在不断地发展变化，以适应大众需求。本次修订更新的部分图片和专业名词，即为适应当今时代化妆学习的需求而做。

2. 理论与实践结合更加紧密

在本次修订中，将理论模块和实践模块有机融合，使学生在学习过程中能够理论与实践相结合，更加有助于教与学的开展。

本书图文并茂，实用易懂，中职学生既可以用于专业知识的学习，也可以为继续进入高等艺术院校深造打下基础。书中内容设计循序渐进、由浅入深，用情境导入的方式模拟实践环境，实践模块的设计使学生具有良好的体验感。本书所有参编者均有丰富的一线教学经验，实践经验突出，并运用现代信息技术，配以电子教案和教学课件，对教师的课堂教学起到了辅助作用。为中职学校休闲保健类专业建设和教学提供了较为实用的教学指导。

化妆基础学时分配表（供参考）

项目	内容	学时（理论学习+实践操作）
项目一	化妆概述	5
项目二	化妆品和化妆用具的应用	5
项目三	化妆的基本步骤和修饰方法	20
项目四	化妆色彩	14
项目五	矫正化妆	28
项目六	不同妆型的特点与化妆技巧	16
项目七	化妆造型	12
合计		100

注：各学校学时分配可根据本校实际情况酌情增减，建议实践操作学时数为理论学习学时数的2到3倍。

本书共分七个项目，项目一、二由林静涛编写，项目三、四由李玲编写，项目五由王丽霞编写，项目六由茅旭东编写，项目七由郭秋彤编写，电子教案和上课课件由白洁编写，李洪涛提供部分化妆图片，全书由郭秋彤、林静涛统稿。感谢在编写过程中编者单位的大力支持与帮助，感谢北京色彩时代商贸公司李伟涛所提供的化妆品与化妆工具图片。

由于编者水平有限，书中难免有疏漏与不足之处，恳请广大读者提出宝贵意见和建议，以利于进一步修改和完善。读者意见反馈邮箱：zz_dzyj@pub.hep.cn。

主编

2020年6月

第一版前言

本书为"十二五"职业教育国家规划立项教材，美容美体专业教学用书。本书依据教育部《中等职业学校美容美体专业教学标准》，并结合了行业发展变化的新要求编写。本书在编写过程中，坚持"以就业为导向，以能力为本位"的办学思想，突出重点领域，强化行业指导，体现工学结合。本书力求学习内容目标明确，知识点到位，内容有条理，技能简练易操作，结合潮流趋势凸显时尚彩妆与化妆技法。

本书从基础知识和基本技能入手，循序渐进，明确学习目标，用情境导入的方式模拟实践环境，结合单元检测，使学生的课堂学习和后续的实践活动衔接良好。书中所提供的大量具有时代感的造型图片，使化妆技术更加直观。

本教材建议学时数为100学时，具体安排见下表。

学时分配表（供参考）

单元	内容	学时
单元一	绪论	5
单元二	美容化妆品和化妆用具的应用	5
单元三	美容化妆的基本步骤和修饰方法	28
单元四	化妆色彩	14
单元五	矫正化妆	28
单元六	不同妆型的特点与化妆技巧	10
单元七	造型化妆	10
	合计	100

注：各学校对学时分配可根据本校实际情况酌情增减，建议实习操作时数为教学实数的2~3倍。

本书单元一、单元二由林静涛编写，单元三、单元四由李玲编写，单元五由王丽霞编写，单元六由茅旭东编写，单元七由郭秋彤编写。郭秋彤、李洪涛（银影职业艺术教育机构）提供了部分造型化妆图片。全书由郭秋彤和林静涛统稿并担任主编。

本书在编写过程中得到高等教育出版社的大力支持与帮助。感谢北京色彩时代商贸公司李伟涛提供部分化妆品与化妆工具图片。

由于编者水平有限，书中疏漏不足望读者指正。反馈意见请发邮件至zz_dzyj@pub.hep.cn，以便今后的修订完善。

编者

2016年10月

目　录

化妆基础

项目一
化妆概述

[导读]

随着人类文明的不断发展进步，化妆从形式到内容也在不断地发展与变化，并且每一时期都有各自的特点。在历史的发展过程中，很多在当时盛极一时的化妆方法和技术没能留传下来，一些化妆知识，仅能从古籍和考古发现中查找到；但是也有一些古代的化妆方法和技术留传至今，且历久弥新。

通过学习本项目，同学们将了解国内外的化妆发展史，认识从古到今不同国家、不同阶段人们的化妆特色，极具代表性的化妆技艺及成就，提高对学习化妆的兴趣，并且以此增强个人自身的素养，为从事化妆师岗位工作做好准备。

[项目目标]

☆了解中国不同朝代的化妆特点及代表性的化妆技艺和成就。

☆掌握中国古代局部化妆的修饰手法。

☆了解外国化妆发展史中几个具有代表性化妆妆容的国家，了解其独特的化妆特色和手法。

☆了解外国化妆发展史中不同时期的化妆风格。

☆了解中国和外国化妆发展的变迁，理解现今社会美容化妆技术的演变历程。

☆了解美容化妆的概念，为学习化妆技术奠定基础。

☆掌握美容化妆的基本理论，能区分化妆的类别。

☆掌握化妆的作用与特点，能运用化妆的基本原理提升审美能力。

[关键词]

历史发展　美容化妆

案例引入：杨丽考上了职业学校的形象设计专业。为了帮助杨丽更好地学习化妆技艺，老师让她先了解古今中外不同历史时期化妆的特点、相关技艺和成就，掌握化妆的基本概念。

任务一　化妆的起源与发展

知识与技能平台

一、中国化妆的起源与发展

我国最初的化妆可以追溯到原始时期的文身。古代的文身是一种化妆术，即用利器在人体的前胸、后背、两臂或面部刺划出各种图案和记号（图1-1），并且涂以红、白颜色，以示美观。随着人类文明的发展，人们对身体和面部的保护意识逐渐增强，颜面修饰术取代了文身，并以矿物质中提炼制成的脂、粉取代天然的白粉和红土。经提炼的脂、粉是人类最早的有意识地制造的化妆品，从此，颜面修饰术开始受到重视，也为以后颜面化妆的发展奠定了基础。

据历史文献记载，春秋时期人们开始用白粉敷面，战国时期人们已经使用"燕支

（胭脂）"。到了汉代，面部修饰已十分讲究，眉毛的修剪和描画广泛地被妇女们接受。用白色米粉涂面、朱红胭脂涂脸颊成为化妆的重要内容。图1-2所示就是战国时期女子使用的粉盒，说明当时人们非常注意通过改善面部皮肤的质地和色泽来美化自身，同时也说明皮肤白皙、面色红润是当时人们所追求的理想面容。这种面部美化的方法是当时化妆的主流。

▲ 图1-1　古代面部文刺图　　　　　▲ 图1-2　战国时期女子使用的粉盒

　　唐代，是化妆发展过程中的一个繁荣时期。这一时期不但化妆品的原料种类增加了，而且化妆的内容更加丰富，修饰的手法也更为细腻。相传唐代有一乐伎，名庞三娘，演技超群。年迈赋闲，不施脂粉。一日有人来邀，问曰："丑婆，庞三娘在否？"三娘答："我外甥女不在，明日再来。"翌日，其人来时，三娘已装扮一新，来人竟不识。由此可见，当时的化妆技术已相当高超了。

　　唐代的化妆，在求美的同时求新求变，不再拘泥于单一的形式，而是呈现出多姿多彩的形象。这不仅是化妆方法和技巧的进步，更是人们思想意识与时俱进的结果。唐代社会思想开放，当时对于化妆的称谓很多，而且每种妆容都有各自的特点，对描画方法也有明确要求，尤其是对眉的描画更是十分考究。值得一提的是，此时的化妆经常在面部加放装饰物，说明当时人们对化妆的要求不仅局限于美化容貌，更是赋予了化妆深层次的内涵，是现代美容理念的萌芽。

　　宋代染甲技术是比较有特色的修饰术之一。女子将凤仙花（图1-3）与明矾混合后捣碎，用来染红指甲。说明化妆已不局限于面部，而开始注重对身体其他部位的修饰与美化。

▲ 图1-3　凤仙花

在清代以前，化妆的方法没有很大的变化，多是沿袭前人的方法。1911年辛亥革命的成功，国民头上的辫子剪掉了，人们的思想发生了巨大的变化，装束、妆容也有了显著的变化。更由于西洋商品的涌入，与化妆相关的新材料和新技术不断传入中国，人们逐渐形成了一种崇尚"新式"和"西式"的风气。电影的出现，使得电影明星的装扮成为城市中一部分人追逐的潮流，模仿电影明星的化妆是当时化妆的主流。

中华人民共和国成立后，人们得到了充分的解放和自由。改革开放以后，生产力水平迅速提高，经济的发展出现了飞跃，美容化妆的发展空前繁荣，人们从内心迸发出对美的渴望和热情。在借鉴国外化妆手法、技巧的同时，具有本民族特点的化妆技法也得到了充分的施展空间。当今，人们普遍趋同于自然和突出个性的妆容，对化妆技法的要求也越来越高，化妆由面部修饰发展为整体的形象设计造型，化妆与艺术的结合发展到更高层次，如幻彩妆（人体彩绘）已被很多国际性的大赛列为正式比赛项目。生产力发展的重要标志之一是科学技术的进步，应用在美容领域中的文眉笔、脱毛机、离子喷雾机、减肥仪等高科技、高效率的智能仪器也为化妆的发展注入了活力。

中国古代化妆中的局部修饰主要有以下六个方面。

1. 眉的描画

据史料记载，画眉始于战国时期，到了汉代画眉已相当盛行。当时妇女将原来的眉刮掉，用"黛"画眉。黛是一种西域出产的黑色矿物质，具有染色作用。西汉《盐铁论》中有"博得黛青者众"的记载，意思是用黛描画、代替眉毛的人很多。其中的"黛"字有两种含义，一是指颜色；二是与"代"同义，即画黛眉代替剃眉。汉代张敞画眉的故事十分有名，张敞当时是长安的兆尹，常为其妻画眉，长安的人称赞他画的眉十分妩媚。

随着画眉逐渐普及，到了唐代，眉型已千变万化，有时兴浓而阔，有时兴淡而细。杜甫的《北征》就有"狼藉画眉阔"的描述；而在《集灵台》中又有虢国夫人"淡扫蛾眉朝至尊"。白居易《上阳白发人》中有："青黛点眉眉细长""天宝末年时世妆"。当时的眉型真可谓千姿百态（图1-4～图1-9）。值得一提的是，唐玄宗曾命令画工设计数十种眉型，以示提倡，并赋予每一种眉型以美丽的名称，如"鸳鸯眉""小山眉""五岳眉""三峰眉""垂珠眉""月棱眉"（又称"却月眉"）"倒晕眉""分梢眉""涵烟眉""拂云眉"（又称"横烟眉"）。这些都说明了眉毛的美化与修饰是当时化妆的重要内容，对于眉型的创意已达到了相当高的水平，是当今眉型设计理念的萌芽。

▲ 图1-4 八字眉

▲ 图1-5 蛾翅眉

▲ 图1-6 月棱眉（又称却月眉）

▲ 图1-7 分梢眉

▲ 图1-8 拂云眉

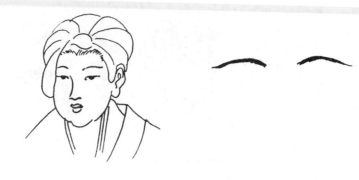

▲ 图1-9　细长眉

2. 面部的美化与修饰

改善面部皮肤色泽是古代化妆的重要内容。战国时期人们使用"燕支"（图1-10）对面部进行修饰。燕支是将燕地产的一种红蓝花叶捣碎取汁制成。另外，由于米粉有很好的附着作用，将白米研成细末，用来涂抹面部及身体其他的裸露部位，使皮肤显得洁

▲ 图1-10　"燕支"（胭脂）

白细腻；或将白米粉染制成红粉，涂抹面颊，增加面部的红润感。汉代以后，有特色的修饰手法越来越多。在化妆用色上，有以白色粉为主的"白妆"，有以胭脂为主的"红妆"；在化妆手法上，有薄施朱粉，然后以粉罩之的"飞霞妆"，有在额、颊等部位施以黄粉的"黄妆"。

在面部加放装饰物也是古代重要的化妆手法，后人称之为"面饰"。相传，面饰出现于南北朝时期，在唐代达到了流行的高峰。北朝民歌《木兰诗》中有这样的描述："当窗理云鬓，对镜贴花黄。"所谓花黄即指金箔剪刻出的花形，贴在额头上的称花钿（图1-11），贴在两颊的称靥钿（图1-12）。面饰不仅种类繁多，而且花色各异。人们不仅通过面饰来达到丰富面部色彩、增加妩媚感的目的，而且还用面饰遮盖面部的疤痕、瑕疵和修正面部缺陷。

▲ 图1-11　部分花钿图案　　　　　▲ 图1-12　靥钿

由此可见，改善肤色和修正面部缺陷是当时人们化妆所注重的问题。

3. 唇的美化

唇的美化在唐代受到普遍重视。人们用"口脂"点唇，目的是为了增加唇部的色彩，后人称其为"胭脂锭"，与现在使用的口红作用类似。当时的唇型名称很多，有的以形状取名，有的以颜色取名，如"大红春""小红春""万金红""淡红心"。古代唇型的变化如图1-13所示。

樱桃形圆色艳，清代"樱桃小口一点点"的时尚唇型给人留下深刻的印象，即用红色口脂点画出圆唇。所谓点圆唇，是为了造成一种错觉，只为缩小妇女的口型而产生一种清秀的感觉。这表明当时人们在注重唇色的同时，也注重唇型的美感。

4. 千姿百态的特色修饰

在古代化妆中出现过许多特殊的化妆手法。通过对眉、面颊或唇等局部的特色修饰，达到一种与众不同的化妆效果，与现代的新潮化妆很相似，不同之处是古人赋予了这些化妆各种形象生动的名称。

（1）泪妆。汉代的一种妆容。当时妇女化妆多以米粉涂面，以朱红胭脂涂脸颊，如果只涂白粉，则称为"泪妆"。

（2）啼妆。唐后期在长安城中曾流行，即在白妆基础上，不用红色，嘴唇改用乌膏，眉毛画成八字形，给人一种忧伤的印象。

（3）北苑妆。南朝时出现，即在淡妆的基础上，将茶花籽制成花饼，大小形态各异，贴在额头上。

（4）黄妆。元代每逢冬季，妇女们将一种药用植物的根茎研成黄色粉末，涂在脸上，直到春暖时才彻底洗去，皮肤因此会显得细而洁白。此种妆容名曰"黄妆"，实则为一种保养皮肤的方法。这说明人们在化妆求美的同时开始重视皮肤的保养了。

5. 古代男子的局部修饰

在古代，化妆并非女性的专利，男子同样也很注重外表的修饰美化。据史料记载，汉代男子在一定范围内，也用米粉敷面，用红粉涂面颊。汉以后，也有过一些关于男子化妆的记录，但化妆手法无太大变化，多以施朱敷粉为主要内容。有趣的是，宋代男子同女子一样喜爱戴花。戴花不仅在良辰佳节，遇国有大事，百千从臣和帝王一同戴花，并且招摇过市，这在宋代孟元老的《东京梦华录》中有不少的文字记载。

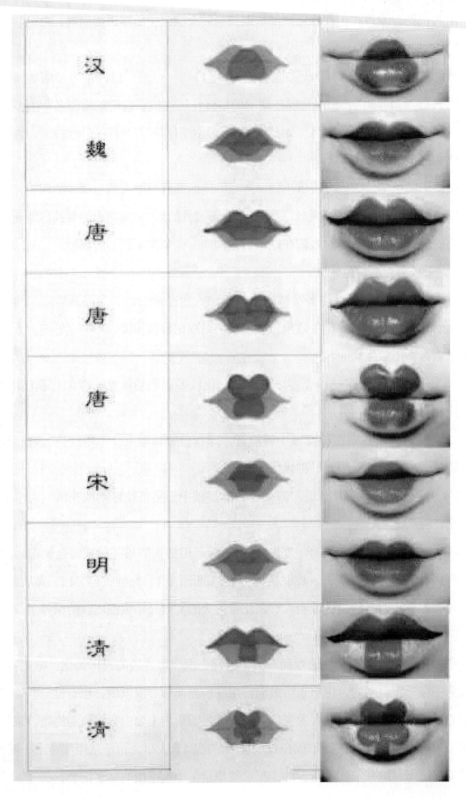

▲ 图1-13 古代唇型

化妆基础

6. 古代发式

古人很重视头发的修饰。早在新石器时代就有类似现代"童花头"的发式，并且梳理得非常整齐。《妆台记》（唐代宇文氏）中描述周文王的发髻很高，并在髻上加放珠翠翘花等装饰物。周朝的统治阶级按贵族的礼仪服饰和头饰来确定等级，还允许使用假发。后汉时期梁翼的妻子孙寿独创的偏侧堕马髻非常著名。从长沙马王堆出土的汉代中山靖王刘胜之妻的发式上可以看出，头发的梳理和盘结非常细致、精美，而且还用假发盘制发髻。汉代以后女子的发式越来越细腻精美，种类也越来越丰富，与此同时，装饰发型的饰品也得到了相应的发展，如玉簪、白花、步摇、耳塞，其种类繁多，造型精美（图1-14）。

单螺髻　　　飞天髻　　　牡丹髻　　　堕马髻

凤顶髻　　　百合髻　　　灵蛇髻　　　随云髻

▲ 图1-14　古代发髻样式

二、外国化妆的起源与发展

人类对于美的追求，与人类文明萌芽同步出现。

据史料记载，最早有意识地使用化妆品来进行自身装饰的是古埃及人。在古埃及，当人们举行宗教仪式时，都要化妆。人死之后，也要化妆。古埃及人对化妆、美容的偏爱被世人所公认，因而化妆术在古埃及很发达。起初，古埃及人为了保护眼睛，用西奈

▲ 图1-15　古埃及人的眉描

半岛产的孔雀石制作的青绿色粉末来涂眼皮、画眼线，并将眼角描画得很长，眉也画得很重（图1-15）。这种妆容使人的面容增加了美感，所以这种妆容在男女间都很盛行。另外，还利用凤仙花的红色涂腮、涂唇、染甲。为了盛放化妆品，古埃及人还制造了雕刻得非常精美的化妆箱。古埃及的气候干燥并且炎热，为了抵御燥热的气候，人们用动物油脂涂抹皮肤，以防止水分过快散失。经过长期的生活实践，古埃及人学会用植物的根、茎制作香水和化妆品，经提纯制成的香油、香水以及油膏，都对皮肤有很好的美化和保护作用。

在古希腊，人们大量地使用香水和化妆品。女子无论老少都化妆，用烟黑涂抹睫毛和画眉，用锑粉修饰眼部，用白铅制成化妆品改善皮肤的颜色和质地，面颊及嘴唇则涂朱砂。她们还通过镶牙和佩戴金属制品来修饰自己。另外，古希腊人还发明了保养皮肤与指甲的绝佳方法，为后人留下了很多宝贵的经验。

古罗马人对美的热爱与希腊人一样，但更加注重身体的健美。古罗马人研制了很多供女性用的美容化妆品，妇女们使用很多与现代化妆品中的润肤剂、洗面奶、增白剂等极其相似的化妆品。古罗马人还留下了很多关于化妆品配方的书籍。古罗马妇女喜欢用蜡和石膏脱掉体毛，还研制了一些用于脱毛的药物。为了美化面部，遮盖脸上的瑕疵，妇女们常用月牙形的小片贴在脸上。值得一提的是，古罗马人对头发的美化非常重视，在公元前2世纪，古罗马出现了理发店，贵族阶层拥有专门从事美发工作的奴隶，一般市民可在理发店理发。可见，在古罗马美发已相当普遍，当时的发式多种多样，假发和染发盛行（图1-16）。

古代东方人对于美的追求也有着相当悠久的历史。公元601年，高句丽僧人把口红传到了日本，18世纪初口红在日本女子中盛行，为了加重口唇的颜色，她们在涂口红之前还先在唇上涂上黑色。日本的江户时期，歌舞伎的妆容很流行，很多日本妇女争相效仿，一些歌舞伎还将教授化妆作为第二职业。日本妇女的化妆术是由于歌舞表演的盛行而发展起来的，可以肯定，一些指导别人化妆的歌舞伎成为日本最早的妆容教师。时至今日，日本歌舞伎的化妆仍堪称具有特殊风格的艺术（图1-17）。除此之外，东方人还以漂亮的服饰、出色的手工艺品和良好的健康习惯而闻名于世。

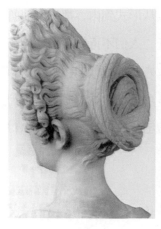
▲ 图1-16　古罗马发型

▲ 图1-17　艺伎的妆容

在中世纪的欧洲（约476—1453年），历史上是黑暗时期，社会推行禁欲主义。化妆术在这一时期几乎停滞不前。到文艺复兴时期（14—16世纪），人们追求自由和个性解放，重新重视外表及容貌。女子剃掉眉毛和前额发际线处的毛发来展示较宽阔的额头，眼部不做修饰，只淡淡地修饰和描画唇部及面颊。当时的男女还喜欢在头发上扑紫罗兰香粉。

18世纪，法国宫廷女子流行在脸上贴或点"黑痣"。这种风俗最早兴起于意大利，妇女们为了使容貌更具魅力，或者为了弥补缺陷，直接在皮肤上用树脂贴上黑天鹅绒或黑丝绸的小片，贴的位置没有具体规定，以至于在胸前裸露部位也贴上几个，其形状大小千变万化，除圆形、三角形、心形、星形和弯月形以外，甚至还有动物形和人形。这在当时是极具特色的面部修饰方法，这一方法一直延续到18世纪末。

18世纪中晚期，奢靡之风盛行。欧洲的妇女用草莓及牛乳沐浴；将淀粉磨成细粉状制成香粉，用作脸部的扑粉；嘴唇与面颊则涂用色彩鲜艳的化妆品，颜色从粉红色到橘黄色都有。妇女刻意整修眉毛，眼皮涂抹高光泽的物质，但眼睛的描画却很淡。

到了19世纪初，传统、保守的思想意识影响了社会风气，因此，这个时期的化妆、发型也极为朴素。欧洲妇女极少做脸部化妆，她们宁愿用手捏面颊及嘴唇来形成自然的红色，也不愿用唇膏、胭脂等化妆品。

20世纪初，由于科学技术的进步，化妆品的种类已十分丰富。工业革命产生的巨大变革，为美容化妆的发展提供了更广阔的空间。以美容、美发和化妆为主的美容场所在世界著名大都市纷纷出现，妇女们开始剪短发，或把头发烫成波浪形，同时广泛使用口红、胭脂及眼部的化妆品等。

当代社会，美容已成为人们日常生活的内容之一，而化妆从形式到内容都有了前所未有的变化。展示自我、突出个性是现代美容化妆理念的依托，人们不再热衷于模仿和追逐潮流，而开始针对自己的特点采用最适合自身的美容化妆方式。现代的化妆注重个性的表现，使化妆更加多姿多彩。美容院多由单项服务改为多项或综合性的服务，除护肤、化妆和美发等服务外，还提供形象设计、减肥、健胸、脱毛和文眉等多项服务。对化妆的完整性、独特性和变化性的追求深深地影响着现代人。

实训平台

一、实训准备

归纳古今中外化妆在不同历史时期的特点及代表性化妆技艺和成就，根据兴趣、爱好以及特长进行分组，选择不同的表演技艺和手法，将中外不同阶段人们的化妆特色、当时极具有代表性的化妆技艺以及各方面的化妆成就表现出来。

二、实训内容

同学分组讨论，并进行角色扮演，填写下表。

中外化妆发展史

中国化妆发展史	
时期	化妆特点或代表案例

外国化妆发展史	
时期	化妆特点或代表案例

三、实训检测

实训检测表

评价内容	评价要点	评价等级	自评	小组评	实际等级
发展史	中外化妆发展史表，表格填写正确	A、B、C			
人物编排	小组编排合作有序；角色选定符合人物特点	A、B、C			
演绎表现	演绎方式新颖，表演流畅，情节引入符合选定内容	A、B、C			
总评及教师评价：					

任务评价

化妆的起源与发展任务评价表

问题	解决方法		
自我评价		等级	
教师评价		等级	

任务二　化妆的基础知识

知识与技能平台

一、化妆的概念

人们在日常的社会活动中，通过使用化妆品、运用艺术描绘的手法来装扮美化自己，以达到增强自信和尊敬他人的目的。"化妆"一词本身就含有"装饰技术"的意思。即人们可以通过化妆品和描绘的技巧，把面部的优点加以发扬，对某些不足给予弥补。

化妆作为个体审美行为的同时，还具有一定的社会性。每一个历史阶段人们的道德、伦理和社会风俗习惯，都会对化妆产生很大的影响。例如，我国长达几千年的封建社会，夫权思想盛行，妇女的地位低微，化妆在男尊女卑的思想影响下，女性化妆不免矫揉造作，或刻意雕琢，或流于浮华，以迎合男子。随着社会的进步，当妇女要求在社会中与男性享有平等的地位时，在化妆中则要求符合自身特点，突出个性的表现，这些成为当今化妆的主流。现在，人们对环境的保护意识强烈，在渴望回归自然的思想影响下，天然成分的化妆品和自然的化妆方法也是当今化妆的重要特征。随着社会交往的日益频繁，化妆不仅可以达到美化容貌、增强自信的目的，还表现为一种对他人的礼貌和尊重。这种礼貌和尊重在社会交往中受到人们的普遍重视，美容化妆也随着社会的发展具有了更丰富的内涵。

二、化妆的类别

根据人们的活动空间不同，化妆可分为两大类，即生活化妆和艺术化妆（图1-18）。生活化妆主要是弥补不足，美化容貌，展现个性风采；艺术化妆主要以表演和展示为目的，包括影视化妆、舞台化妆、梦幻化妆、摄影化妆等。

本书以生活化妆为主要内容。生活化妆分为淡妆和浓妆两大类。化妆的淡与浓主要取决于展示场景的照明条件，如果在自然光线或接近自然光线的人工照明下，化妆的用色要浅淡，描画要自然细腻，称淡妆；如果在晚间由钨丝灯或其他艺术光线照明，化妆的用色要浓艳，描画技法可以夸张，装饰性要强，这种妆型统称浓妆。

（1）淡妆，是日常生活中较为普遍的化妆手法。淡妆妆色清淡典雅，自然协调，仅对面部进行轻微修饰与润色。从某种意义上讲，化生活淡妆难度较大，因为既要基本不显露化妆痕迹，又要达到美化的效果。淡妆依据不同的场合和衣着又分为多种形式。例如，在家中可施以朴实优美的淡妆；上班工作，可施以简洁明快的淡妆；外出旅游可施以色彩自然的淡妆。但无论何种表现形式，清淡、自然是淡妆最本质的特征（图1-19）。

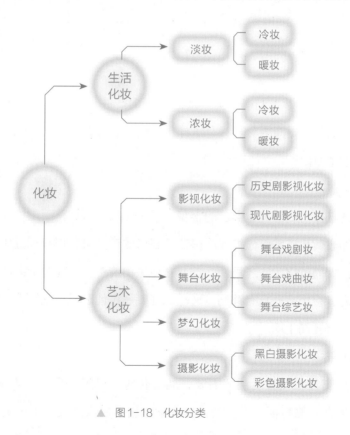

▲ 图1-18 化妆分类

（2）浓妆，又称晚妆。妆色浓而艳丽，层次分明，明暗对比较强，色彩搭配丰富协调，强调色彩突出；五官描画可适度夸张，以调整面部凹凸结构，扬长避短，掩盖和矫正面部不足。浓妆在风格和形式上要随所处场合和环境的不同而改变，如参加舞会，要求妆色艳丽而略有夸张；出席宴会，要施以大方、端庄的晚妆；新娘的化妆则要在突出喜庆气氛的同时，充分展现女性典雅温柔之美（图1-20）。

▲ 图1-19　淡妆　　　　　▲ 图1-20　浓妆

三、化妆的作用

社会的不断进步，为人们追求美创造了良好的条件。在现代生活中，人们追求的美，应该是科学的美、健康的美。只有这样，才能使美得以持久和深化。化妆的作用主要表现在以下三个方面：

1. 美化容貌

人们化妆的直接目的是美化自己的容貌。通过化妆，可调整面部皮肤的色泽，改善皮肤的质感，如黑黄色皮肤可显得光洁白皙；苍白的皮肤可显得红润健康；粗糙的皮肤可显得细腻光滑。通过化妆，还可使面部五官更生动传神，如通过描画眼线和涂眼影等修饰眼睛，使之显得明亮而富有神韵；通过涂红嘴唇，使之显得红润而饱满；通过修饰眉毛，使之显得整齐而生动。

2. 增强自信

化妆是对外交往和社会活动的需要，通过化妆，可突出个性，表现或活泼开朗、或文静庄重的内在性格特征。常听到这样的话：自信的人才美。可见美本身就包含着自信的因素。化妆在为人们增添美感的同时，也为人们带来了自信。随着社会交往的日益频繁，化妆的这一作用显得越来越重要。在外事活动中，适度的装扮也代表国家的一种形象，它会使客人更加相信我国改革开放以来的巨大变化；在商务活动中，一个人的衣着打扮代表了所在公司或企业的形象，而衣着不整、容貌不洁，则会使对方对你所在的公司或企业失去信任，甚至会给企业带来不必要的损失；在交通、旅游等服务行业的工作人员，适度地化妆，给人精神饱满的感觉，是高质量服务的组成部分；在日常生活中或逢喜庆佳节，精心装扮而倍加自信的人们，会为生活和节日增添更多幸福愉悦的气氛。

3. 弥补缺憾

完美无瑕的容貌不是每个女性都可以拥有的，但是，通过后天的修饰来弥补先天的不足使自己更漂亮，却是每个女性可以得到的。化妆便是实现这一愿望的重要手段。化妆可通过运用色彩的明暗和色调的对比关系等方法造成人的视错觉，从而达到弥补不足的目的。例如，通过化妆，可以使小眼睛显得大而有神，可以使较塌的鼻子显得挺拔，可以使不够理想的脸形得到改善。当然，化妆并不是时时都适用，对一些突出的缺陷是无法修补的。

四、生活化妆的特性

生活化妆与舞台、戏剧化妆不同，它服务于生活，更接近于生活，有以下三个主要特点。

1. 因人而异

俗话说"千人千面"，也就是说每个人都有各自的特点。美容化妆是以个人的基本条件（主要指容貌上的）为基础的。个人的基本条件是选择化妆品和技术手法的决定性因素。例如，皮肤较粗糙的人，要选用细腻、遮盖力强的粉底；皮肤较黑的人，应该避免使用浅色的粉底；还有，东方人与西方人分属不同种族，面部结构比例以及肤色都不相同，所以在用色和化妆手法上都有很大差异。

化妆还需要考虑年龄因素。年轻人皮肤富有弹性，表面光滑，因此施粉要薄，用色要淡；中年人皮肤弹性开始变差，且有轻微的皱纹出现，皮肤显得暗淡，在化妆时要注意技巧，以求遮盖住松弛的部位。除此之外，性格、职业、气质等也是化妆考虑的因素。化妆的这一特性，要求美容师要有敏锐的观察力，对化妆的对象要有较深入的了解。

2．因地而异

同样的化妆在不同的场合和照明条件下的效果是极不相同的，有时甚至还会产生相反的效果。例如，在光照很强的自然环境中，不能使用偏白或偏红颜色的粉底，并且对眼、眉、面颊等部位的修饰要细致柔和。因为用偏白的粉底修饰眼、眉、面颊，容易在明亮的光线下暴露修饰痕迹；还有，在环境空阔、光线明亮和大量的浅蓝色反射光线环境中，如红色用多了，妆容会变成紫色。而在晚上，由于室内是灯光照明，化妆用色可以浓重一些，面部各部位的描画可以适当地夸张一些，特别是在钨丝灯光下，更可大胆用色。

由于地域的不同，人的皮肤状况和容貌也不尽相同，因而采用的化妆色彩以及局部描画的方法亦不相同，寒冷地区的人所采用的化妆品及化妆技法，在炎热地区就不一定适用。

3．因时而异

由于每个时代人的精神面貌和社会风尚的不同，化妆的形式也因此千变万化。社会的风尚对化妆的影响很大。社会潮流的变化往往很快地反映在发型、化妆和服饰上。

五、化妆的基本原则

1．扬长避短

化妆是以化妆品及艺术描绘手法来美化自己，而这一美化是建立在原有容貌的基础之上的，其目的是既要保持原有容貌的特征，又要使容貌得到美化。因此，在化妆中必须充分发挥原有面容的优点，修饰和掩盖其不足之处，这是化妆的重要原则。这一原则要求美容师要仔细观察化妆对象的容貌，分析其优缺点，然后拟出发挥优点、弥补缺点的方案。在此基础上，还要根据环境、服装等特定条件进行化妆，这样方能收到扬长避短的效果。

2．自然真实

化妆要求自然、真实。对于淡妆来说自然真实是容易理解的，但对于浓妆来说，这样的要求似乎难以理解。的确，浓妆可以有适度的夸张，但夸张是要有限度的，自然真实的原则便是夸张时所应把握的"度"。要把握好这个"度"，就要将本色美与修饰美有机地结合，使本色美在修饰美的映衬下更为突出。

3．突出个性

大千世界"千人千面"，突出个性的原则就应做到"千面千妆"。也就是说，每个人的容貌都不相同，而为每个人化的妆也应有所区别，这一区别所反映出的是人与人的个性差异，成功的化妆就是要因人而异地体现出个性的特征。个性特征既包括外部形态特征，也包括内在性格特征。

4．整体协调

化妆应注意整体的配合。一方面，妆面的设计、用色应同化妆对象的发型、服装及服饰相配合，使之具有整体的美感；另一方面，在造型化妆设计时还应考虑化妆对象的气质、性格、职业等内在的特征，取得整体和谐统一的效果。

实训平台

一、实训准备

同学分组，通过查寻互联网或杂志等方法，选择某一明星的化妆造型与其素颜造型做对比图，说明化妆的作用。

二、实训内容

同学分组实训并填写下表。

明星化妆前后对比

明星	素颜造型	化妆造型
化妆前后相貌说明		
化妆的作用		

三、实训检测

实训检测表

评价内容	评价要点	评价等级	自评	小组评	实际等级
资料收集	独立按照要求将收集的资料与图片整理好	A、B、C			
作品分析	作品书面分析详细，准确到位	A、B、C			
口头表达	口头表达流利	A、B、C			
总评分及教师评价：					

任务评价

化妆的基础知识任务评价表

问题	解决方法		
自我评价		等级	
教师评价		等级	

综合训练

简答题

1. 简要说明唐代主要的化妆方法和化妆形式。

2. 简述18世纪法国宫廷女子点"黑痣"的面部修饰方法。

3. 简要说明何为化妆以及化妆的类别。

4. 化妆具有哪些特点？

5. 化妆应掌握的原则有哪些？

项目二

化妆品和化妆用具的应用

[导读]

化妆品和化妆用具是用于清洁、保养和美化皮肤、毛发的用品。化妆品种类繁多，要在化妆中正确选择和使用化妆品，达到理想的化妆效果，应对化妆品的分类、成分、作用和使用方法等有所了解。

通过学习本项目，同学们将掌握化妆品的成分、分类和作用，以及各种化妆工具的使用方法和技巧，日常生活中的皮肤保养方法，为从事化妆师岗位工作打好基础。

[项目目标]

☆了解化妆品的分类依据，懂得如何将化妆品分类。

☆了解化妆品的主要成分及特点，能根据不同肤质选用正确的洁肤和护肤用品。

☆掌握化妆品使用方法，能正确使用化妆品。

☆掌握不同粉底的特点，根据不同肤质和不同妆型正确选用粉底。

☆了解化妆用具种类，能正确选用化妆用具。

☆掌握化妆用具的使用方法，并能正确运用到化妆技术中。

[关键词]

化妆品　化妆用具

案例引入：杨丽到一家化妆品生产厂家参观化妆品生产流程，在工作人员的介绍下初步认识了化妆品的种类与基本成分，了解了各种化妆品的使用方法，并且做了相关知识总结。然后，她与同学结伴到一家化妆用具店选择化妆用具，在店员的介绍下逐步认识化妆用具与种类，学习了各种化妆品的使用方法。

任务一　化妆品的应用

知识与技能平台

一、化妆品的分类

根据不同的分类方法，化妆品的分类主要有：

（1）按外部形态，可分为膏霜类、蜜类、粉类、液体类。

（2）按使用目的，可分为清洁类、护肤类、粉饰类等。

（3）按使用对象的年龄与性别，可分为儿童用化妆品、老年用化妆品、女性用化妆品、男性用化妆品。

二、各类化妆品的特点、基本成分及使用方法

本任务主要讲解清洁类、护肤类、粉饰类化妆品。

（一）清洁类

1. 特点

能溶解污垢，清洁皮肤能力强。用后必须立即从皮肤上清洗干净。

常用清洁类也称洁肤类，其产品有：洁面皂、清洁霜、洗面奶、卸妆油、磨砂膏、去死皮膏等。

2. 成分

主要有表面活性剂、软化剂、保湿剂、油分等。

（1）表面活性剂：氨基酸、烷基醚磷酸盐、聚合甘油脂肪酸酯、烷基醚等，是清除面部污垢的主要成分。

（2）软化剂：主要有脂肪酸和高级醇结合的羊毛脂衍生物、蜂蜡、荷荷巴油、橄榄油、椰子油等，是洁面皂中的油分，它使皮肤在清洁中不会因过分脱脂而干燥。

（3）保湿剂：主要有山梨醇、麦芽醇、甘油、BS-醇等，可使皮肤保持湿润，防止皮肤洗后有"紧绷感"。

（4）油分：主要包括硬脂酸、鲸蜡醇、凡士林、液体石蜡、肉豆蔻酸异丙酯等，可以清除皮肤表面的油脂和化妆品中的脂溶性成分。

（5）碱：以氢氧化钾为主，主要是与硬脂酸中和成皂，起增稠作用。

（6）营养添加剂：主要有人参萃取液、维生素E、芦荟萃取物、柠檬萃取物等，可补充皮肤所需的营养。

（7）洗涤剂：主要有聚氧乙烯、聚氧丙烯嵌段聚合物等，具有清洁作用。

（8）精制水：在卸妆液中占有很大比例。

其他成分：如防腐剂、抗氧化剂、香料。

3. 产品及其使用方法

（1）洁面皂。洁面皂（图2-1）中包括保湿剂和软化剂成分，克服洗后皮肤干涩的缺点，使用方便。

▲ 图2-1 洁面皂

▲ 图2-2 清洁霜

使用方法：先用温水将皮肤润湿，再用洁面皂和水在手中揉出泡沫，然后利用泡沫清洗皮肤，这样可减少皂体直接接触皮肤所产生的刺激。泡沫与皮肤充分接触揉按约1分钟后，再用温水将皮肤冲洗干净。

（2）清洁霜。清洁霜（图2-2）内含有油分和表面活性成分，去污力很强。清洁霜常用于化妆皮肤和油脂较多的皮肤的清洁。清洁霜中的油分可以清除化妆品中的脂溶性成分，是清除粉饰类化妆品的最佳用品。

使用方法：将清洁霜均匀地涂于皮肤上，轻轻加力按摩，待其与皮肤上的化妆品及污垢充分接触溶解后，用纸巾轻轻擦干净，然后用温水冲洗。

（3）洗面奶。洗面奶（图2-3）是一种性质温和的液体软皂，其pH较接近皮肤表面pH，为弱酸性或中性。洗面奶主要是利用表面活性剂清洁皮肤，对皮肤刺激小，适合卸妆后或没有化妆的皮肤使用。

使用方法：将洗面奶涂于皮肤上，轻轻按摩，待与皮肤充分接触后，用温水洗净，或先用纸巾将洗面奶擦干净，再用温水清洗。选用洗面奶时，要根据皮肤的具体情况进行选择。油性皮肤应选择有抑制油脂分泌成分的洗面奶；干性皮肤应选择滋润营养性的洗面奶；暗疮或有斑皮肤应选择有治疗作用的洗面奶。

（4）卸妆液。卸妆液（图2-4）性质温和，清洁效果好，对皮肤的刺激小。卸妆液多用于眼部的卸妆。

使用方法：用棉签或化妆棉蘸卸妆液轻轻擦拭眼部的皮肤，直到棉花上不再有任何化妆品的颜色，再用清洁产品加温水清洗。

▲ 图2-3 洗面奶

▲ 图2-4 卸妆液

化妆基础

（5）卸妆油。卸妆油（图2-5）是卸油彩妆及浓妆的第一道清洁剂。卸妆油对油彩妆的清洁效果好，但对皮肤有一定的刺激。

▲ 图2-5 卸妆油

使用方法：先将卸妆油涂于皮肤并轻轻按摩，使皮肤上的油彩溶解，然后用棉片或纸巾擦拭干净，再用清洁霜或洗面奶清洁。

（二）护肤类

1．特点

保护皮肤，使皮肤免受或少受自然界的刺激，防止化学物质、金属离子等对皮肤的侵蚀，防止皮肤水分过多地流失，促进血液循环，增强新陈代谢功能。

常用护肤类产品：化妆水、润肤霜、按摩膏（乳）、防晒膏（油、水）、防裂膏等。

2．成分

护肤类产品一般具有以下成分：

（1）精制水：在化妆水中的比例很大，具有深层清洁、平衡pH、补给皮肤角质层水分和修复皮脂膜的作用。精制水一般为去离子水。

（2）醇类：主要有乙醇和异丙醇等，具有清凉感，并有抑菌去油的作用。

（3）保湿剂：主要有甘油、丙二醇、2-丙二醇和透明质酸等，具有保持皮肤湿润的作用。

（4）软化剂：即化妆水中的酯油和植物油等。

（5）酸碱类添加剂：主要有柠檬酸、乳酸和氨基酸类等，可调整化妆水中的pH，使其与皮肤的pH相接近。

（6）油相成分：主要包括烃类、油脂、蜡类、脂肪酸、高级醇、合成醇等，具有补充皮肤油分、增强润滑感和使润肤霜容易涂敷的作用。

（7）水相成分：主要包括保湿剂、黏液质、醇类等，具有保护皮肤湿度，补充皮肤水分和增强清爽感的作用。

其他成分：酸碱添加剂、抗氧化剂、防腐剂、香料和一些具有美容疗效的添加剂。

另外，护肤产品还含有一些表面活性剂。

3．产品及其使用方法

（1）化妆水。化妆水（图2-6）又被称为爽肤水、营养水、滋润液等。其主要作用是补充皮肤的水分和营养，使皮肤滋润舒展，平衡皮肤pH，同时还具有收缩毛孔、深层清洁皮肤、防止脱妆等作用。化妆水的种类很多，需要根据化妆需要和皮肤的性质进行选择。

① 滋润性化妆水：具有保湿作用，适合干性及中性皮肤使用。

② 柔软性化妆水：有软化表皮的作用，用后可使妆面伏贴自然，适合皮肤较粗糙者使用。

③ 收敛性化妆水：具有收缩毛孔的作用，可防止脱妆。多在夏季使用。

④ 营养性化妆水：可补充皮肤的水分和营养，使皮肤滋润有光泽，适合干性及衰老性皮肤使用。

使用方法：将化妆水滴于化妆棉上，再用化妆棉轻拍在皮肤上。

（2）润肤霜。润肤霜（图2-7）可保持皮肤的水分平衡，提供皮肤所需的营养，并会在皮肤表面形成一层保护层，将化妆品与皮肤隔开。润肤霜可分日霜和晚霜。

① 日霜：含水分较多，主要起保湿和隔离作用。

② 晚霜：含有各种营养成分，主要起修复、保养皮肤的作用。

使用方法：将适量润肤霜在面部涂匀并轻轻按摩，使皮肤充分吸收。

▲ 图2-6 化妆水　　　　　▲ 图2-7 润肤霜

（三）粉饰类

1．特点

粉饰类化妆品具有较强的修饰性。常用粉饰类产品有粉底、蜜粉、胭脂、眼影、唇膏、眼线液、眉笔、唇线笔、睫毛膏等。

2. 成分

粉饰类化妆品的主要成分如下：

（1）滑石粉：可使其他粉体平滑地铺展到皮肤上，并使皮肤滑爽。

（2）高岭土和二氧化钛：使粉底具有较强遮盖力，并且可以消除滑石粉的闪光。

（3）硬脂酸锌和肉豆蔻酸锌：具有较强的附着力。

（4）碳酸钙和碳酸镁：可吸收皮肤表面的汗液和油脂，也有消除滑石粉闪光的作用。

（5）颜料：一般是无机颜料和有机颜料混用。

（6）黏合剂：用于使上述各种粉体融合成型。主要由动植物油和液体石蜡等矿物油或合成的脂油构成。

（7）其他成分：如防腐剂、抗氧化剂和香料。

3. 产品及其使用方法

（1）粉底。粉底具有遮盖性，可掩盖皮肤的瑕疵，调整肤色，改善皮肤质地，使皮肤显得光滑细腻。通过粉底的深浅变化还可以增强面部立体感。粉底的种类很多，有粉底液（图2-8）、粉底霜（图2-9）、粉条（图2-10）、粉饼（图2-11）和遮瑕膏（图2-12）等。各类粉底的使用方法见表2-1。

使用方法：用微潮湿的化妆海绵蘸上粉底在皮肤上均匀地涂抹。

以上粉底除粉饼外，在使用后都需用蜜粉定妆。

（2）蜜粉。蜜粉（图2-13）也称干粉或碎粉，为颗粒细致的粉末。蜜粉在涂抹粉底后使用，目的是使粉底与皮肤的贴合更为牢固。还可调和皮肤光亮度，吸收皮肤表面的汗和油脂，使皮肤爽滑，减少粉底的油腻感。蜜粉的成分与粉底的成分非常相近，只

▲ 图2-8 粉底液

▲ 图2-9 粉底霜

▲ 图2-10 粉条

▲ 图2-11 粉饼

▲ 图2-12 遮瑕膏

▲ 图2-13 蜜粉

表2-1 各类粉底的使用方法

类型	遮盖力	使用季节	适用妆型
粉底液（霜）	强	夏	淡妆
粉条	较强	冬	浓妆
粉饼	弱（一般）	夏	浓妆
遮瑕膏	最强	夏、冬	淡、浓妆

是没有黏合剂，全部由粉质原料制成。此外，滑石粉是蜜粉的主要成分，其含量比粉底中的滑石粉含量高很多。

使用方法：用蘸有适量蜜粉的粉扑拍按在皮肤上，再用粉刷将浮粉扫掉。

（3）胭脂。胭脂（图2-14）有改善肤色和修正脸型的作用，它可使面色显得红润健康。胭脂有膏状和粉状两种，化妆多用粉状胭脂。

使用方法：膏状胭脂用在定妆之前，可用手或化妆海绵涂擦。粉状胭脂用在定妆之后，需用胭脂刷涂抹。

（4）眼影。眼影（图2-15）用于美化眼睛，具有增加面部色彩、加强眼部的立体效果、修饰眼形的作用。常见的眼影有粉状眼影、膏状眼影和笔状眼影。化妆中最常用的是粉状眼影。

▲ 图2-14 胭脂

▲ 图2-15 眼影

使用方法：粉状眼影在定妆后使用，用眼影刷或眼影海绵涂抹；膏状眼影在涂粉底之后定妆之前使用，用化妆海绵或手涂抹；笔状眼影在定妆后直接涂抹。

（5）唇膏。唇膏的黏稠度强，色素含量大。唇膏具有增加唇部色彩和光泽的作用。唇膏（图2-16）一般分为有色唇膏和无色唇膏两种。从唇膏的成分来说，有色与无色唇膏的区别在于前者含有大量色素而后者不含色素。以有色唇膏为例，有色唇膏主要由油性原料和着色剂两部分构成。

油性原料：主要有蜡和油分两种。蜡具有使唇膏成型的作用。常用蜡类有巴西棕榈蜡、蜂蜡、小烛树蜡、固体石蜡和纯地蜡等。油分使成型的唇膏具有一定的黏度，最常用的是蓖麻油，除此之外，还有可可豆脂、荷荷巴油、羊毛脂以及一些合成油脂。

着色剂：唇膏的色素可分为染料和颜料。颜料决定唇膏的外观颜色，染料具有牢固持久的附着力，可以使颜料的色彩牢固。

使用方法：用唇刷将唇膏涂于唇线以内的部位。涂抹要均匀，薄厚要适中。

（6）眼线液（笔）。眼线液（图2-17）用于调整和修饰眼部的轮廓，增强眼睛的神采。眼线液为半流动状液体，并配有细小的毛刷。用眼线液描画眼线的特点是上色效果好，但操作难度较大。眼线笔（图2-18）外形如铅笔，芯质柔软，特点是易于描画，效果自然。

使用方法：使用眼线液时，要先用毛刷蘸眼线液后再描画。描画时，手要稳，用力要均衡。用眼线笔画眼线时，沿睫毛根部直接描画即可。

（7）眉笔（粉）。眉笔（图2-19）呈铅笔状，芯质较眼线笔硬；眉粉像眼影。眉笔（粉）用以加强眉色，增加眉毛的立体感和生动感。常用的眉笔（粉）颜色有黑色、灰色、棕色等。

▲ 图2-16 唇膏

▲ 图2-17 眼线液

▲ 图2-18 眼线笔

使用方法：用眉笔在眉毛上描画，力度要小而均匀，描画应尽量自然柔和。用眉扫蘸眉粉按照眉型描画，注意眉型的控制。

（8）唇线笔。唇线笔（图2-20）外形如铅笔，芯质较软，用于描画唇部的轮廓。唇线笔配合唇膏使用，可以增强唇部的色彩和立体感。唇线笔的颜色与唇膏的颜色应为同一色系，且略深于唇膏色，从而使唇线和唇色协调。

使用方法：用唇线笔依唇部的基本轮廓描画。描画时要注意线条整齐并体现柔和感，生硬的或参差不齐的线条都会影响唇型的美感。

（9）睫毛膏。睫毛膏（图2-21）通过增加睫毛的密度、长度和光泽来美化眼睛。睫毛膏可分为无色睫毛膏、彩色睫毛膏、加长睫毛膏、防水睫毛膏等多种。无色睫毛膏呈透明或半透明状，可以增加睫毛的光泽；彩色睫毛膏具有多种颜色。要根据自身睫毛的颜色和化妆色彩的需要进行选择。亚洲人在化妆中最常用黑色的睫毛膏。

使用方法：用配置在睫毛膏内的睫毛刷蘸取睫毛膏后，从睫毛根部向上、向外涂刷，待其完全干后再眨动眼睛，以防弄脏眼部皮肤。

▲ 图2-19　眉笔

▲ 图2-20　唇线笔

▲ 图2-21　睫毛膏

实训平台

一、实训准备

同学们分组活动，展示并说明自带的化妆品。根据自己的肤质和特点，选择适合自己皮肤的化妆品，将化妆品进行分类并说明其作用（治疗类除外）。

二、实训内容

填写下表。

化妆品分类	名称	作用	适合肤质
清洁类			
护肤类			
粉饰类			

三、实训检测

实训检测表

评价内容	评价要点	评价等级	自评	小组评	实际等级
化妆品分类	化妆品分类表格各项填写完全正确	A、B、C			
化妆品摆放	化妆品选择正确，陈列整齐有序	A、B、C			
口头表达	口头表达流利	A、B、C			
总评及教师评价：					

任务评价

化妆品的应用任务评价表

问题		解决方法	
自我评价		等级	
教师评价		等级	

任务二　化妆用具的应用

知识与技能平台

一、常用的化妆用具

化妆用具的种类很多，其作用及所应用的部位也各不相同。常用于涂粉底和定妆的用具有化妆海绵、粉扑、粉刷等；常用于修饰眉毛的用具有眉刷、眉梳、眉扫、眉钳、修眉刀、眉剪等；常用于修饰眼睛的用具有眼影刷、眼影海绵、眼线刷、睫毛夹、假睫毛和美目胶带等；常用于修饰面色、脸型的用具有轮廓刷、胭脂刷等；常用于画唇的用具有唇刷、唇线笔等。为了使用方便，化妆用具中的刷类用具一般配成一套，放在特制的用具套中，称为化妆套刷。

二、常用化妆用具的使用

1. 化妆海绵

化妆海绵（图2-22）是涂粉底的用具。使用它粉底容易涂抹得均匀，同时粉底与皮肤结合得更紧密。化妆海绵质地柔软细腻，形状多样，可根据各人的习惯和喜好选择。

使用方法：先将化妆海绵用水浸湿，然后再用干毛巾或纸巾将化妆海绵的水分吸出，直至用手轻轻挤压没有水分滴出且呈微潮的状态（微潮的化妆海绵会使粉底涂得更服帖），然后再蘸粉底在皮肤上均匀涂抹。

2．粉扑

粉扑（图2-23）用于涂拍定妆粉，一般呈圆形。

使用方法：用粉扑蘸蜜粉后，轻揉粉扑，使蜜粉薄薄地均匀分布，然后轻轻按在粉底上。

3．粉底刷

粉底刷（图2-24）是现在常用的粉底工具，尤其涂抹液体粉时会晕染均匀，附着力强，涂后肤质自然、轻透，没有明显的涂抹痕迹。

▲ 图2-22　化妆海绵　　　　▲ 图2-23　粉扑　　　　▲ 图2-24　粉底刷

4．轮廓刷

轮廓刷（图2-25）用于修饰面部的轮廓，外形小于胭脂刷。它主要是用来配合阴影色或光影色使用，是调整面型的化妆用具。

使用方法：用蘸有阴影色或光影色的轮廓刷，在面部的凹凸部位进行涂刷和晕染。

5．眼影刷

眼影刷（图2-26）是晕染眼影的工具，毛质柔软，顶端轮廓柔和。眼影刷可使眼影的晕染效果柔和自然。

使用方法：用蘸有眼影粉的眼影刷在上下眼睑处轻扫。

6．眼影海绵

眼影海绵（图2-27）是涂抹眼影的工具。椭圆形的松软海绵头，分单头和双头两种。化妆时，用眼影海绵涂眼影，可以使眼影粉与皮肤服帖，是眼部化妆的必备用具。

使用方法：用眼影海绵蘸眼影粉在眼睑处轻轻涂抹。

▲ 图2-25 轮廓刷

▲ 图2-26 眼影刷

▲ 图2-27 眼影海绵

7．眼线刷

眼线刷（图2-28）是化妆套刷中较细小的毛刷，用于画眼线。用眼线刷画眼线比用眼线液和眼线笔画得更柔和自然。

使用方法：用眼线刷蘸深色眼影粉在睫毛根处描画。

8．眉扫

眉扫（图2-29）是整理和描画眉毛的用具，扫头呈斜面状，毛质比眼线刷硬一些。用眉扫画眉比较柔和。

使用方法：用眉扫在画过的眉毛上轻扫，使眉色均匀自然；也可以用眉扫蘸深色眉粉在眉毛上轻扫，以加深眉色。

9．眉梳和眉刷

眉梳（图2-30）是梳理眉毛和睫毛的小梳子，梳齿细密，有时也被称为睫毛梳。眉刷是整理眉毛的用具，形同牙刷，毛质粗硬。在化妆用具中眉梳和眉刷常常被制作为一体，成为一件用具的两个部分。

▲ 图2-28 眼线刷

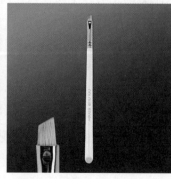

▲ 图2-29 眉扫

▲ 图2-30 眉梳和眉刷

化妆基础

使用方法：在修眉前用眉梳把眉毛梳理整齐，这样便于眉毛的修剪。眉梳还可以将涂睫毛膏时黏在一起的睫毛梳通。具体操作是从睫毛根部沿睫毛弯曲的弧度向上梳。眉刷的具体用法是在画过的眉毛上，用眉刷沿着眉毛的生长方向轻轻刷动，使眉色协调。

10. 眉钳

眉钳（图2-31）是修整眉型的用具。使用眉钳可将眉毛连根拔掉，去除所修眉型以外的多余眉毛。眉钳有多种类型，常见圆头和方头眉钳，可根据个人爱好及使用习惯选择。此外，眉钳还可作为辅助工具使用，如帮助粘贴、固定假睫毛。

使用方法：用眉钳将眉毛轻轻夹起，然后快速拔掉。拔时要一根一根顺着眉毛生长的方向拔。

11. 修眉刀

修眉刀（图2-32）用于修整眉型及发际处多余的毛发。修眉刀的外形与美发刮刀相似，在刀片两侧加了两排细齿，使用时更为安全。修眉刀的特点是去除毛发的速度快，清理毛发时边缘处整齐。

使用方法：将皮肤绷紧后，刀片与皮肤成45°，贴皮肤将毛发切断。

12. 睫毛夹

睫毛夹（图2-33）可使睫毛卷曲上翘。睫毛夹的头部呈弧形，夹口处有两条橡皮垫，使夹口啮合紧密。

使用方法：先将睫毛置于睫毛夹啮合处，再将睫毛夹夹紧。操作时从睫毛根部、中部和外端依次加以弯曲。睫毛夹固定在一个部位的时间不要太长，一般10秒左右，以免使弧度过于生硬。

▲ 图2-31 眉钳

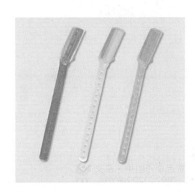
▲ 图2-32 修眉刀

▲ 图2-33 睫毛夹

▲ 图2-34 假睫毛

13. 假睫毛

使用假睫毛（图2-34）可增加睫毛的浓度和长度，为眼部增添神采。假睫毛分上睫毛和下睫毛，一般有完整型和零散型两种。完整型是指呈现完整睫毛形状的假睫毛；零散型是指两根或几根组成的假睫毛束。零散型适合局部睫毛残缺的修补，也适合淡妆中睫毛的修饰。

使用方法：完整型假睫毛使用前要先进行修剪，然后用化妆专用胶水将其固定在真睫毛上；零散型假睫毛是用专用胶水将假睫毛固定在真睫毛上，并与真睫毛融为一体。

14. 唇刷

唇刷（图2-35）是涂抹唇膏的毛刷。唇刷的外形小于眼影刷而大于眼线刷，刷毛富有弹性。用唇刷涂唇膏比较均匀，显得自然真实。

使用方法：用唇刷蘸唇膏均匀涂抹于整个唇部。

15. 美目胶带

美目胶带（图2-36）是用于矫正眼型的化妆用具，是透明或半透明的带有黏性的卷状胶带。使用后，可将单眼皮修饰出双眼皮的效果，也可矫正下垂的上眼睑。

使用方法：根据修饰需要将美目胶带剪成弧形，贴于上眼睑的适当部位（图2-37）。

▲ 图2-35 唇刷

▲ 图2-36 美目胶带

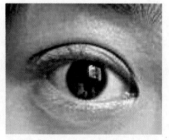

▲ 图2-37 美目胶带贴后效果

实训平台

一、实训准备与实训内容

同学们可以选购学习化妆的用具并将其分类，分组探讨各种相类似用法的化妆用具的异同性。

二、实训检测

实训检测表

评价内容	评价要点	评价等级	自评	小组评	实际等级
操作准备	化妆用具选择正确，摆放整齐；化妆用具保持清洁；个人卫生仪表符合工作要求	A、B、C			
操作步骤	独立按照各类化妆品准确地选择相应配合使用的化妆用具	A、B、C			
操作时间	规定时间内完成任务	A、B、C			
操作标准	根据不同的化妆品能完全正确地选择相应配合使用的化妆用具	A、B、C			

任务评价

化妆用具的应用任务评价表

问题		解决方法	
自我评价		等级	
教师评价		等级	

综合训练

一、填空题

1. 美容化妆品按使用目的不同可分为洁肤类、护肤类、治疗类和_____。

2. 化妆水的主要作用是补充皮肤的水分和营养，使皮肤滋润舒展，平衡皮肤酸碱度，同时还具有收缩毛孔、_____、防止脱妆的作用。

3. 日霜含水分较多，主要起_____作用。

4. 粉底的种类很多，有粉底液、粉底霜、粉条、粉饼和_____等。

5. 钳眉时用眉钳将眉毛轻轻夹起，钳时要_____快速拔掉。

6. 假睫毛一般有完整型和_____两种。

二、单项选择题

1. 春秋季北方风沙大，化妆时皮肤表层宜选用（ ）。

A. 蜜粉遮盖　　　B. 含水分多的乳液　　　C. 保湿性化妆品　　　D. 营养性化妆水

2. 不属于洁肤类的化妆品是（ ）。

A. 洗面奶　　　B. 化妆水　　　C. 卸妆液　　　D. 清洁霜

3. 夏天油性皮肤适合用（ ）。

A. 粉条　　　B. 粉底霜　　　C. 粉饼　　　D. 粉底液

4. 使用粉条时，配合的用具是（ ）。

A. 化妆海绵　　　B. 粉扑　　　C. 粉刷　　　D. 胭脂刷

5. 定妆选择（ ）。

A. 粉底液　　　B. 粉底霜　　　C. 蜜粉　　　D. 粉饼

三、判断题

1. （ ）蜜粉的特点是粉质松软，颜色丰富，适应范围广。

2. （ ）粉底霜含脂量高，适合干性和中性皮肤，适于秋冬季节使用。

3. （ ）粉条油脂含量高，遮盖性强，适合浓妆使用。

4. （ ）粉饼适合夏季使用，蜜粉适合冬季使用。

5. （ ）胭脂有改善肤色和修正脸型的作用。

四、简答题

1. 化妆品可分为哪几类？

2. 化妆中常用的洁肤类化妆品有哪些？

3. 常用的护肤类化妆品有哪些？各有什么作用？

4. 化妆套刷主要包含哪些化妆刷？各有什么作用？

5. 试述各种类型粉底的特征和适用范围。

项目三

化妆的基本步骤和修饰方法

[导读]

　　化妆的基本步骤和修饰方法是化妆中的基本内容，是决定整体妆面效果好坏的关键。

　　通过学习本项目，将了解化妆的基本步骤，掌握局部修饰技巧，在操作中规范化妆步骤和技巧，达到理想的化妆效果。

[项目目标]

　　☆认识妆后皮肤护理的重要性，了解妆后皮肤的护理方法。

　　☆规范化妆用品用具的摆放，了解化妆基本步骤。

　　☆认识面部结构和各部位名称，了解局部化妆修饰基础知识。

　　☆通过局部化妆修饰方法的学习和练习，掌握局部化妆修饰的技巧。

[关键词]

　　卸妆　　皮肤护理　　局部化妆

案例导入：杨丽准备好化妆品和化妆用具后，迫不及待地开始动于化妆，可是效果并不好。其实化妆时掌握循序渐进的步骤和正确的操作方法，对一个妆容的完美呈现是非常重要的。

任务一　化妆皮肤的护理

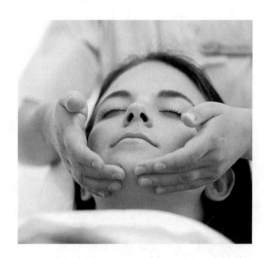

知识与技能平台

一、化妆前的皮肤清洁

面部皮肤常暴露在外，很容易附着有害尘埃、致敏物和细菌等物质，再加上皮肤自身的某些代谢产物，都会影响皮肤的健康。如果在化妆前不将皮肤清洁干净，皮肤上的众多附着物会与化妆品混合在一起，牢牢地覆盖在皮肤的表面，给皮肤带来严重的损伤，这也是皮肤产生问题的诱因。

在进行化妆前的皮肤清洁时，美容师一般要站在化妆对象的右前侧，用右手完成清洁工作，左手辅助。先将洗面奶或清洁霜涂在面部，然后用手指在面部打圈进行清洁。清洁时应一个部位一个部位按顺序进行。面部清洁的一般顺序是：额头→眼周→面颊→下巴→口周→鼻。清洁后，先用纸巾将浮在面部的清洁霜或洗面奶擦净，然后再用湿棉片或湿毛巾将面部擦干净。化妆前的清洁与皮肤护理中的清洁相似，不同之处在于化妆前的清洁，美容师要采用站立姿势并用单手操作，不能像皮肤护理的清洁那样，用双手在面部两侧同时进行。

二、卸妆应注意的问题

做好卸妆工作对于皮肤保养非常重要。由于化妆是借助化妆品在皮肤表面的附着来实现的，而粉饰类化妆品都具有较强的遮盖性，长期使用会影响皮肤正常的呼吸和排泄，所以化妆后要及时、彻底地卸妆，才能保证皮肤正常的新陈代谢，不会使皮肤受到损害。在卸妆过程中，卸妆不彻底、卸妆方法不正确或力度过大等也会伤害皮肤。卸妆应注意以下两个问题：

（1）卸妆时要正确选择卸妆用品。常用卸妆用品有卸妆油、清洁霜和卸妆液等。卸妆油用于油彩化妆的清除，其中所含的矿物油成分可充分溶解皮肤上的化妆品；清洁霜主要用于日常淡妆及粉质化妆品的清洁；卸妆液可用于眼部和嘴唇的卸妆。

（2）卸妆时应从局部到整体按顺序进行，这样面部的一些细小部位才不致被遗漏，使卸妆较为彻底。卸妆部位的顺序为：睫毛（图3-1）→眼线（图3-2）→眼影（图3-3）→眉→嘴唇→整个面部。在清洗时应注意力度适中，卸妆彻底，如发现哪个部位卸妆不彻底，要重复清洗直至干净为止。

  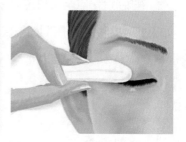

▲ 图3-1 卸睫毛 ▲ 图3-2 卸眼线 ▲ 图3-3 卸眼影

三、妆后皮肤的日常保养

1．正确合理地选择化妆品

选择化妆品主要的依据是皮肤的类型。如油性皮肤要选择油分含量低的化妆品，而干性皮肤要选择油分含量高的化妆品。在选择时还应考虑到季节因素，如在热而潮湿的季节，应选择比平时所使用的化妆品更为清爽的化妆品，而在冷而干燥的季节，要选择比平时所使用的化妆品的油分含量更高、保湿性更强的化妆品。除此之外，年龄、环境等也是应考虑的因素。总之，在选择化妆品时考虑得越全面，对皮肤的健康越有益处。

2．做好润肤

所谓润肤是指在清洁后的皮肤上涂抹与肤质相适应的营养液和润肤霜，使皮肤得到滋养的过程。化妆前的润肤对保护皮肤起着重要的作用，特别对经常化妆的人更应重视。因为认真、细致的润肤护理可以使皮肤得到充分的滋润和保护，可消除化妆品对皮肤的影响，尤其是在化妆前更要做好润肤工作，这样可以在皮肤和化妆品之间筑起一道安全防线。所以润肤要仔细，不能马虎。

3．控制带妆时间

带妆时间过长，会影响皮肤的呼吸代谢，从而损害皮肤的健康。油性皮肤、敏感皮肤及经常化浓妆者更需特别注意。带妆时间最好不超过4个小时，如遇特殊情况需长时间带妆，就要在化妆后4小时左右设法卸妆让皮肤休息一下，然后再化妆。

4．就寝前的卸妆

在晚间22点至次日凌晨2点间，皮肤细胞新陈代谢最为活跃，是皮肤最佳的修复期。如果此时皮肤仍处于带妆状态，就会对皮肤造成严重损害，因此，就寝前一定要彻底卸妆。

实训平台

一、实训准备

1. 工具：皮肤清洁和护肤产品、清毒酒精、热水、包头毛巾、一次性毛巾、取物小碟、棉签、化妆棉。

2. 场地：本专业实训教室。

3. 人员：本专业学生。

二、实训内容

化妆皮肤的测试和护理训练。

1. 清点化妆用品和化妆用具。

2. 化妆师消毒双手。

3. 为化妆对象做皮肤清洁和护理前的准备工作（如帮助化妆对象穿护衣、束发或包头）。

4. 分析和测试化妆对象的皮肤，正确选择护理、化妆产品。

5. 取适量产品和工具，规范摆台。

6. 为化妆对象皮肤进行清洁和护理，技法正确。

7. 完成操作，填写实训检测表。

三、实训检测

实训检测表

评价内容	评价要点	评价等级	自评	小组评	实际等级
操作准备	独立完成工作台的清洁整理，正确选择和使用光源；正确选择化妆品，用具摆放整齐；化妆用具保持清洁；个人卫生仪表符合工作要求	A、B、C			
操作步骤	对照操作标准，运用准确的技法，按照规范的操作步骤独立完成操作	A、B、C			
操作时间	在规定时间内完成任务	A、B、C			
操作标准	能够熟练准确地分析肤质类型；能够选择正确方法对化妆皮肤进行护理；能够合理设计化妆皮肤护理方案	A、B、C			
总评及教师评价：					

任务评价

化妆皮肤的护理任务评价表

问题			解决方法		
化妆对象的评价	喜欢〇	一般〇		不喜欢〇	
自我评价				等级	
教师评价				等级	

任务二　化妆的基本步骤

知识与技能平台

一、化妆前的准备

1．化妆品和化妆用具的准备

先将化妆时所需的化妆品和化妆用具一一清点，放在化妆台上（图3-4），按使用顺序放在远近不同、取放方便的位置，并摆放整齐；打开盒装和套装的化妆品和化妆用具，如眼影盒、粉盒、化妆套刷，平放于铺有垫纸的化妆台上，随时保持工作区域的洁净度，化妆品盒内的清洁也要注意，每一次打开的时候都要像新的一

▲ 图3-4　准备化妆品和化妆用具

样。在客户到来之前，要将笔类化妆用具削好放入笔筒；刷类化妆用具清洗干净。化妆海绵和粉扑等如不是第一次使用，应先清洁、晾干并消毒；化妆常用其他物品，如棉花棒、棉片和面巾纸要放在消过毒的玻璃小碗里或者是容器里，铁质的调棒、剪刀、修眉刀、睫毛夹也要分别消毒并放在消毒好的容器中。在开始化妆之前，要根据化妆对象的肤色，选用合适颜色的粉底膏，并用消过毒的调棒取出放在化妆调色盘中调成合适的稠度，口红也需要取出放在调色盘中，眼影、腮红、散粉等粉状质地的化妆品需要用调棒取出放在干净的纸巾上，纸巾也要放置整齐，这样操作是防止每次用化妆刷去蘸眼影盘里的颜色时污染眼影盘里的其他颜色。

2．化妆台和灯光的准备

化妆台的台面应能摆放下化妆时所需的全部物品，化妆台上要有一面大小适中且清晰度高的镜子，台前放置一把化妆椅，化妆台要配备照明设备（图3-5）。

化妆时光线的强弱会直接影响化妆效果，所以要在灯光准备方面下一些工夫。首先，化妆时的灯光要与化妆对象在化妆后所展示环境的光线相近，以保证化妆效果。其次，灯光照射的角度对化妆也很重要。化妆时的光线应从正前方照射，过高或过低的光线会使人的面部出现阴影，使面容产生变形，从而影响化妆的效果。

3．其他准备

在化妆对象坐下后，先消毒自己的双手，再将化妆对象的头发全部向后梳并固定住，以免因头发挡住脸的某些部位而影响化妆，同时也可避免化妆品弄脏头发。在化妆对象的胸前围好化妆围巾（与美发所用的围布作用相似），以避免化妆品弄脏衣服，美容师再扎束好自己的头发并用酒精再次消毒双手，戴上口罩。化妆的过程中双手尽量不要直接触碰化妆对象。化妆时美容师应站在化妆对象的右前侧（图3-6），并始终保持这一位置。需查看化妆效果时，要从化妆台的镜子中看，在画眼影、眉毛时也可站在化妆对象的正前方查看两边的对称性。

化妆的同时，还要观察化妆对象的容貌，并与其交谈，以便了解化妆对象的面容和性格特点，为化妆打好基础。

▲ 图3-5　化妆室

▲ 图3-6　化妆师站位

二、基本步骤

化妆是对面部整体的美化和修饰，所以在掌握局部修饰方法的基础上，要特别注意化妆的步骤，也就是说要清楚先做什么，后做什么。这不仅反映一个美容师是否训练有素，而且化妆步骤的前后顺序将直接影响到化妆的效果和妆面整体的协调。

1. 洁肤

洁肤即清洁皮肤（图3-7），是化妆的第一步。洁肤，可使皮肤处于洁净清爽的状态，令妆面服帖自然，不易脱妆。洁肤一般包括两部分，即卸妆和清洁。对于化过妆的面部要先卸妆再清洁；对于没有化妆的面部直接进行清洁。化妆前的洁肤工作一定要细致认真，一时的疏忽，不仅影响化妆效果，而且会影响皮肤的健康。

▲ 图3-7 洁肤

2. 修眉

应在清洁干净的皮肤上修眉，特别是使用拔眉法修眉，可避免细菌入侵皮肤而造成损害。清洁后的皮肤清爽且没有涂抹任何化妆品，也为修眉提供了便利条件。因为修眉时，难免会有眉毛掉落在眼周和面颊等部位，修眉后要用棉片将其擦掉，如果这时面部已涂抹了化妆品，会将其与掉落的眉毛一同擦掉，从而影响化妆的整体效果。可见，将修眉安排在洁肤之后、其他化妆步骤之前是有一定道理的。

3. 润肤

润肤是指通过使用化妆水和润肤霜来滋润和保护皮肤的过程。化妆前的润肤主要有两个目的，一是润肤后的皮肤容易上妆并且不易脱妆；二是润肤霜可在皮肤表层形成保护膜，将皮肤与化妆品隔开，从而达到保护皮肤的目的。在润肤时要注意，化妆水的使用要充足，这样可以使皮肤得到充分滋润。润肤霜具有隔离作用，能达到保护皮肤的目的。

4. 涂抹粉底

涂抹粉底是化妆的基础，也是化妆中很关键的一个步骤。它不仅能对整体面色进行修饰，而且还可对面容结构和鼻子进行修饰。涂抹粉底要在洁肤和润肤之后进行，只有这样才能使粉底与皮肤贴合紧密，不易脱妆，并减少化妆品对皮肤的侵害。涂抹粉底要在化妆的其他步骤之前进行，因为化妆时的各种描画和晕染都要在涂过粉底的皮肤上进行。

5. 定妆

定妆是将蜜粉扑在涂过粉底的皮肤上的过程。定妆可以增强粉底在皮肤上的附着力，使妆面保持长久。定妆还可以吸收汗液和皮脂，减少粉底的油光感，使皮肤显得细腻爽滑。操作时用蘸有蜜粉的粉扑在皮肤上拍按，使蜜粉在皮肤上与粉底充分融合，最后用粉刷将多余的浮粉扫掉。

6. 夹睫毛

为了让睫毛显得弯曲上翘，更具立体效果，通常在涂抹睫毛膏之前使用睫毛夹将睫毛夹成向上弯翘的效果。

7. 画眼影

画眼影是通过色彩来修饰和美化眼部轮廓的过程。眼影所用的色彩要与整体面部的色彩相协调，也要与服装的色调和谐统一。画眼影的时机是在面部涂了粉底色还没有涂其他色彩的时候，此时涂眼影色，可为整个妆面色彩定调子。

8. 画眼线

画眼线和画眼影同样是美化眼部轮廓的重要手法。画眼线要在画眼影之后，这样可以保持眼线的清晰和干净。切勿颠倒先画眼影后画眼线的顺序。

9. 涂睫毛膏

涂睫毛膏是修饰眼部的一种手段，它不能与画眼影和画眼线一起操作，因为睫毛膏在没干时容易蹭到皮肤上而弄脏妆面，所以将其放在化妆的最后进行。如果不慎将睫毛膏蹭在皮肤上，待其干后，可用棉棒蘸少量蜜粉将其擦掉。

10. 画眉

在眼影和眼线画完之后再画眉，这样可使眉的位置和描画更容易把握，更好地发挥眉毛对眼睛的映衬作用。很多人在化妆时习惯先画眉，再画眼睛，不能认为这是一种错误的做法，只是这样的安排不太合理，特别是初学者不应效仿。

11. 涂腮红

应根据眼影的色彩来确定腮红的颜色。

12. 画唇线和涂唇膏

在眼影和腮红都完成后，嘴唇的颜色就比较好确定了。一般来说，唇膏的颜色要比腮红的颜色深，并与眼影的颜色相协调。

13. 妆面检查

化妆完成后，要全面、仔细地查看妆面的整体效果。检查时可进行近距离及远距离观察。要从整体到局部认真查看，如发现问题要及时修补。妆面检查的主要内容如下：

（1）妆面有无缺漏或碰坏的地方，妆面是否整齐干净。

（2）妆面各部分的晕染是否有明显界线。

（3）眉毛、眼线、唇线及鼻影的描画是否左右对称、浓淡平衡、粗细一致。

（4）眼影色的搭配是否协调，过渡是否自然柔和。

（5）唇膏的涂抹是否规整，有无外溢和残缺。

（6）腮红的外形和深浅是否左右一致。

另外，如果化妆对象带妆时间较长，应在全面检查之后再用蜜粉重新固定，以保证妆面的持久。

实训平台

一、实训准备

1. 工具：化妆品和化妆用具、清洁和护肤产品、垫纸、消毒酒精、热水、包头毛巾、一次性毛巾、取物小碟、棉签、化妆棉、面巾纸、湿纸巾、小垃圾筒或小垃圾袋。

2. 场地：本专业实训教室。

3. 人员：本专业学生。

二、实训内容

熟悉化妆程序，体验化妆乐趣，探索化妆问题。

1. 清点化妆品和化妆用具。

2. 完成消毒工作。

3. 完成所用化妆品和化妆用具的摆台，灯光的准备。

4. 化妆师消毒双手后为化妆对象做化妆前的准备工作（如帮助化妆对象穿护衣、束发、清洁和护理皮肤、修眉）。

5. 化妆。

6. 完成化妆体验，填写学习任务单。

7. 卸妆。

8. 清洁整理操作区，关闭电源。

三、实训检测

实训检测表

评价内容	评价要点	评价等级	自评	小组评	实际等级
操作准备	独立完成工作台的清洁整理，正确选择和使用光源；正确选择化妆品，化妆用具整齐摆放；化妆用具保持清洁；个人卫生仪表符合工作要求	A、B、C			
操作步骤	对照操作标准，按照规范的操作步骤独立完成操作	A、B、C			
操作时间	规定时间内完成任务	A、B、C			
操作标准	熟练掌握化妆步骤	A、B、C			
总评及教师评价：					

任务评价

请同学们结合以上所学知识，小组合作对组员进行第一次化妆体验学习，通过化妆体验熟悉化妆的基本步骤，感受化妆操作中的问题，提升对学习化妆的兴趣。

化妆的基本步骤任务评价表

问题			解决方法		
化妆对象的评价	喜欢〇		一般〇	不喜欢〇	
自我评价				等级	
教师评价				等级	

知识与技能平台

一、眉毛的修饰

从化妆的发展过程可以知道，眉毛的修饰美化在我国有着非常悠久的历史，眉的美化从古到今在化妆中都占有极其重要的位置。千百年来人们对眉的美化如此重视，是有一定道理的。

眉位于眼上方，附着在肌肉和眉骨上，由于它距眼较近，对眼的修饰、映衬作用突出。人们常说，眼睛是"心灵的窗户"，但如果没有眉的映衬，眼睛的神采也会大打折扣。剃掉眉毛的人，其整体容貌也会随眉毛的消失而发生变化，尤其会使眼睛失去原有的神采。由于眉会随表情的变化而产生一定的位移，如上扬、紧蹙，以此表达人们的情感与情绪。所以，不同的眉型可以体现出人的个性特点，如粗黑的眉使人显得刚毅和坚强；高挑的眉使人显得精干；细弯的眉使人显得柔弱。由此可见，眉的修饰对于容貌是非常重要的。眉的美化与修饰一般分两个步骤来完成，即修眉和画眉。

1. 修眉

修眉时，利用修眉用具，将多余的眉毛去除，使眉毛线条清晰、整齐和流畅，为画眉打下良好的基础。修眉首先要确定哪些眉毛是多余的，这对于初学者来说非常关键。

为此，应了解眉的形状构成。标准的眉分为眉头、眉峰和眉尾三部分（图3-8）。眉头是眉的起始点，靠近鼻根部；眉峰是眉的最高点，大约在整条眉靠近眉头的2/3处。从眉头到眉峰的这段眉粗细无太大变化，从眉峰到眉尾的这段眉开始变细，高度下降。

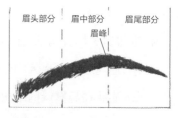

▲ 图3-8 标准的眉

修眉根据所使用用具的不同而有不同的方法。一般来说有三种方法（表3-1），分别是拔眉法、剃眉法和剪眉法（图3-9）。

拔眉法

剃眉法

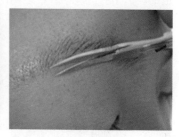
剪眉法

▲ 图3-9 三种修眉方法

表3-1 修眉的方法

方法	工具	优点	缺点	操作要点
拔眉法	眉钳	修过的地方很干净，眉毛再生速度慢，眉型的保持时间相对较长	拔眉时有轻微的疼痛感	● 皮肤要绷紧 ● 顺眉毛生长方向拔除 ● 眉钳要贴着眉根部拔
剃眉法	修眉刀	安全和容易掌握，并且修眉速度快，无疼痛感	不如拔眉显得干净，而且眉毛再生速度快，眉型保持时间短	● 一手将皮肤绷紧，另一只手的拇指和食指固定刀身 ● 修眉刀与皮肤成45°，贴紧皮肤轻轻滑动 ● 顺眉毛生长方向或逆向剃眉毛
剪眉法	眉剪	修眉速度快，无疼痛感，剪掉过长的眉毛，修整眉型	眉型保持时间短	● 左手辅助右手拿眉剪，保持姿势稳定 ● 先将整条眉毛用眉刷理顺再剪

确定标准眉的位置后进行眉毛的修剪：先去除眉毛上边缘部位多余的杂眉，再去除眉毛下边缘与眼睛之间部位多余的杂眉，最后用眉剪修剪过长的眉毛（图3-10），完成标准眉型的修剪（图3-11）。

2. 画眉

画眉是用眉笔或眉粉描画眉毛，使眉色加深，眉型清晰的修饰方法。画眉是在修眉的基础上完成的。

（1）标准眉的位置如图3-12所示。画眉首先要了解标准眉型的比例结构及在脸部的标准位置，用五句话可以简要概括：

① 眉与眼的距离大约有一眼之隔。

② 眉头在鼻翼或内眼角的垂直延长线上。

③ 眉峰在眼珠正视前方时外缘向上的垂直延长线上。

④ 眉尾在鼻翼与外眼角的连线与眉相交处。

⑤ 眉头和眉尾基本保持在同一水平线上，即眉头和眉尾的高度不要相差太大。

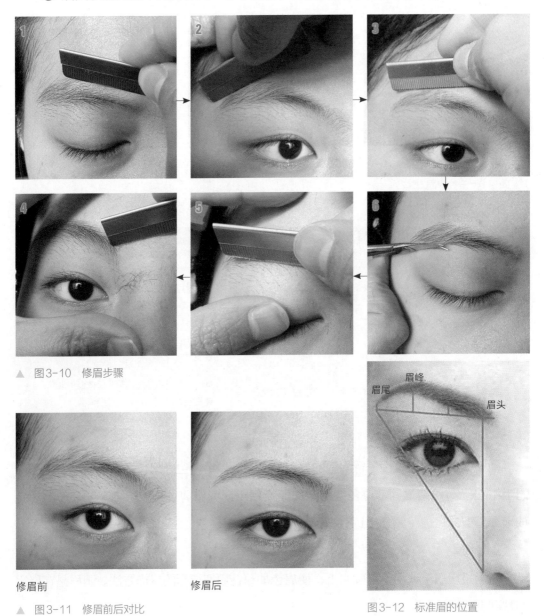

▲ 图3-10　修眉步骤

修眉前

修眉后

▲ 图3-11　修眉前后对比

眉峰

眉尾

眉头

图3-12　标准眉的位置

（2）眉的描画。人的眉毛自然生长的浓密程度各不相同，但一般眉头的眉毛较稀，色泽较浅，眉峰至眉尾的眉毛较浓密，色泽较深。所以在画眉的时候，应根据眉的这一自然生长规律描画，才能使眉毛显得真实而生动。初学者描画时可分三段进行，即眉头部分、眉中部分和眉尾部分。三段之间的衔接要自然，待熟练掌握描画后，便可整条眉连贯画下来。画眉时动作要轻，力度始终保持一致。要通过描画时笔画的多少来控制眉毛的深浅，而不要通过力度的强弱来控制眉色的深浅，这与素描中表现明暗的画法很相似。画眉的效果如图3-13所示。

眉色要与发色基本一致或略浅于发色，一般常用眉色有黑灰色、灰色、棕色或咖啡色。眉色的深浅要符合整体妆面的要求。浓妆的眉色要深，淡妆的眉色要浅而自然。除此之外，眉色的选择还要根据妆面的色调和造型化妆的特殊要求进行微调。

化妆中一般可以根据眉的具体条件和化妆造型的需要选择眉粉描画、眉笔描画、眉笔和眉粉配合描画的方法（图3-14）进行眉的修饰。

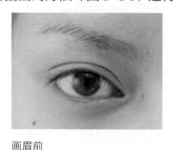

眉的画法

画眉前　　　　　　　　　　　画眉后

▲　图3-13　画眉前后效果对比

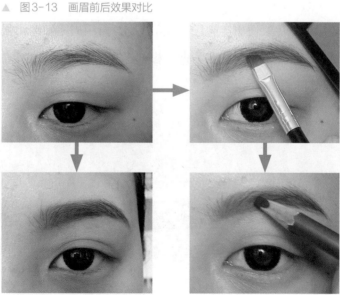

▲　图3-14　眉粉、眉笔相互配合画眉

画眉口诀：眉头松，眉尾弱，上沿虚，下沿实。画眉的步骤如图3-15所示。

① 眉粉画眉的步骤：眉粉的颜色比眉笔淡且自然，适合眉型清晰的人。

· 用硬毛斜眉刷蘸眉粉后勾勒出眉上部边缘，让眉型更加利落。

· 确定好眉头、眉尾的位置后，用较柔软的眉刷平直向后描画眉底部边缘。

· 用接近发色的染眉膏逆向刷眉毛，让染眉膏均匀涂抹在眉上。

· 在染眉膏未干之前，用眉梳向上梳理眉毛，增加眉的立体感。

② 眉笔画眉的步骤：

· 观察化妆对象的面部特点，分别找到眉头、眉峰、眉尾的位置，勾画眉基线，注意对称。

· 用眉笔按照眉的自然生长方向一根根描画，将残缺的眉型修补整齐。

· 由眉腰处至眉峰处沿着眉基线向外侧斜上方开始描画。

· 从眉峰处至眉尾方向描画，勾勒眉尾。

· 眉头可以不画，或者向上轻轻画出毛发一样的线条。

· 勾勒眉头时与眉腰处衔接过渡自然。

· 眉型、眉色的修整。

③ 眉粉、眉笔配合描画的步骤：

· 根据妆面的色调来选择眉粉颜色，用眉刷蘸眉粉轻刷，但每次涂抹时用量要少，涂刷要均匀。

· 眉粉为眉涂着底色，使眉丰满且具有立体感，再用眉笔勾勒和强调眉型轮廓。

· 眉笔描画时按照眉的自然生长方向一根根描画，使眉看上去更加生动逼真（具体方法可以参照眉笔画眉方法）。

  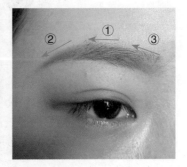

▲ 图3-15　画眉的步骤

（3）眉型（图3-16）。眉型的多样化使眉富于变化和表现力。眉型的选择对于眉的美化非常重要，在选择眉型时要注意以下几点：

① 要根据眉毛的自然生长条件选择眉型。

② 要根据脸型的特点选择眉型。

③ 根据自己的喜好选择眉型。

标准型

平直型

上挑型

弧形眉型

下垂型

▲ 图3-16 各种眉型示意图

二、眼的修饰

眼是面部最为传神的器官，也是面部最醒目的部位。眼描画是否成功将直接影响到整体化妆的成败。这不仅是因为眼在面部的重要性所决定的，而且也是因为眼本身的修饰描画较其他部位复杂，不易掌握。眼的修饰主要由眼影的修饰和眼线的修饰两部分完成。

1．眼影的修饰

眼影的修饰

眼影的修饰是运用不同颜色的眼影粉在眼睑部位涂抹，通过晕染的手法和眼影色的搭配变化，达到增强眼部神采和丰富面部色彩的目的，同时还可以矫正不理想的眼形和脸形。这里主要讲述眼影的修饰作用，有关矫正作用将在后续项目中详述。

（1）涂眼影的位置。在涂眼影时先要确定涂抹的位置。一般来说，涂眼影的位置多在上眼睑处，根据需要可局部或全部覆盖上眼睑。涂抹时要与眉有一些空隙，眉尾下部要完全空出（图3-17）。有时下眼睑也需要眼影的修饰，晕染位置一般在眼尾1/3处下睫毛根部的地方，面积很小。

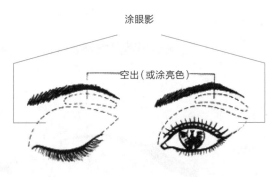

▲ 图3-17 涂眼影的位置

（2）涂眼影的方法。眼影的涂抹主要是通过晕染的方法来完成的。也就是说，在画眼影时颜色不能成块状堆积在眼睑上，而是要有深浅过渡，这样才会显得自然柔和。通常眼影的晕染有两种方法，分别是立体晕染和水平晕染。

① 立体晕染。是指按素描的方法晕染，将深暗色涂于眼部的凹陷处，将浅亮色涂于眼部的凸出部位。暗色与亮色的晕染要衔接自然，明暗过渡合理。立体晕染的最大特点是通过色彩的明暗变化来表现眼部的立体结构。

② 水平晕染。是将眼影在睫毛根部涂抹，并向上晕染，越向上越淡，直至消失。色彩呈现出由深到浅的渐变。水平晕染的最大特点是通过色彩的变化来美化眼睛。

立体晕染和水平晕染两种方法没有绝对的界线，立体晕染中也常常包含表现色彩变化的内容，而水平晕染中也常常要顾及眼部凹凸结构的因素，只是它们所表现的侧重点不同。

（3）眼影的基本搭配方法。眼影的搭配千变万化，多种多样，就常见的眼影搭配方法来说，属于水平晕染的有单色晕染法、上下搭配法、左右搭配法和1/3搭配法，属于立体晕染的有假双眼皮画法和结构画法（图3-18）。

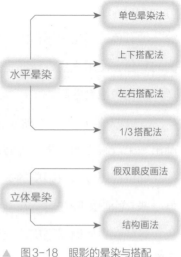

① 单色晕染法（图3-19）。指使用一种颜色的描画方法。在睫毛根处涂一种颜色，然后逐渐向上晕染开。此法适合单眼皮的眼影描画，也适合较浅淡的妆型。

② 上下搭配法（图3-20）。将上眼睑分上下两部分进行涂抹，即靠近睫毛根的部位涂一种颜色，在这层颜色之上再涂另一种颜色。这种操作方法简便，实用性强。

▲ 图3-18 眼影的晕染与搭配

③ 左右搭配法（图3-21）。将上眼睑分左右两部分进行涂抹，即靠近内眼角涂一种颜色，靠近外眼角涂另一种颜色，中间过渡要自然柔和。此种搭配法色彩效果突出，修饰性强。

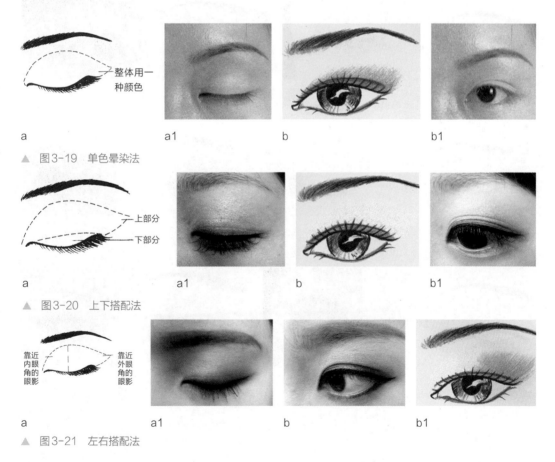

▲ 图3-19 单色晕染法

▲ 图3-20 上下搭配法

▲ 图3-21 左右搭配法

④ 1/3搭配法（图3-22）。将上眼睑分为三部分，靠近内眼角涂一种颜色，中间涂一种颜色，靠近眼尾再涂一种颜色。内眼角与眼尾的颜色可根据需要随意变化，但中间的颜色应使用亮色，目的是突出眼部的立体感和增加眼睛的神采。此法适合上眼睑较宽，用色余地大的眼。

⑤ 假双眼皮画法（图3-23）。对于单眼皮或形状不够理想的双眼皮，在上眼睑处画出一个双眼皮的效果，称假双眼皮画法。具体画法是先在上眼睑上画一条线，这条线的高低位置要以假双眼皮的宽窄而定。如果双眼皮想宽一些，这条线就要高，反之，就低一些。涂眼影时注意，在画线以下部分涂浅亮的颜色，在画线以上涂深、暗一些的颜色，这样就会使假双眼皮的效果更明显。

结构画法

⑥ 结构画法（图3-24）。这是一种突出眼部立体结构的画法。具体画法是先在眉骨下与眼球相接的凹陷处画一条弧线或斜线，从外眼角处沿这条线向眼中部晕染，颜色逐渐变浅，在线的下方和眉梢下端涂浅亮色。

▲ 图3-22　1/3搭配法

▲ 图3-23　假双眼皮画法

▲ 图3-24　结构画法

　　化妆基础

2. 眼线的修饰

画眼线是用眼线笔在上、下睫毛根部勾画出两条细线，有强调眼形的作用。从观察中发现，睫毛浓密的眼睛周围会自然形成一条细线，而睫毛稀少的眼睛周围就没有这条线。这条线对表现眼睛的神采有很大帮助，这是画眼线的主要目的。眼线一定要画在睫毛根处。

（1）标准眼线的要求。标准眼线（图3-25）要画在睫毛根处，上下眼线均从内眼角至外眼角由细到粗变化。上眼线粗，下眼线细，上眼线的粗细是下眼线的一倍左右。这样的标准是根据眼睫毛的自然生长规律来确定的。一般来说，靠近内眼角的睫毛稀疏，而靠近外眼角的睫毛浓密，且上睫毛较下睫毛浓很多，所以眼线的画法是遵循这一自然规律而形成的。

（2）眼线的描画。眼线的描画（图3-26）要格外细致，因为画眼线处离眼球很近，眼球周围的皮肤非常敏感，描画时的不小心会刺激眼球导致流泪，破坏妆面甚至损伤眼球。眼线的描画步骤如图3-27所示。眼线描画应注意以下几点：

眼线的描画

① 观察化妆对象的眼形特点。

② 画上眼线时，请化妆对象闭上双眼，用一只手在上眼睑处向上轻推，使其上睫毛根部充分暴露出来，请化妆对象眼睛向下看，然后从外眼角或内眼角开始描画。

③ 画下眼线时，请化妆对象眼睛向上看，然后从其外眼角或内眼角进行描画，在外眼角的地方要与上眼线连接自然，在下眼线描绘处的外围用扁平眼线刷来回晕染，画出层次感。

眼线要求整齐干净、宽窄适中。描画时力度要轻，手要稳。描画眼线前后对比如图3-28所示。

（3）眼线的颜色。眼线的颜色有很多种，如黑色、灰色、棕色、蓝色、紫色、绿色（图3-29）。亚洲人由于毛发的颜色是黑色，所以常使用黑色眼线，但有时根据妆型设计的特殊需要也使用其他颜色。

上眼线
下眼线

▲ 图3-25　标准眼线

▲ 图3-26　眼线的描画

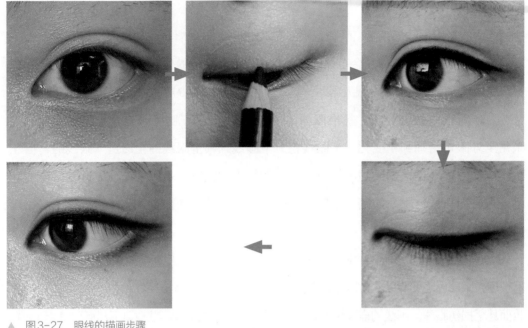

▲ 图3-27　眼线的描画步骤

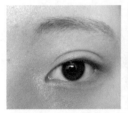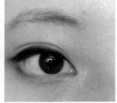

▲ 图3-28　描画眼线前后对比

▲ 图3-29　眼线颜色

三、面色的修饰

　　面色的修饰主要通过涂粉底来完成。人的面部皮肤由于遗传、健康和环境等因素的影响，或多或少都会出现一些问题，如面色灰暗、偏黄、有瑕疵或局部皮肤发暗或过红。通过使用粉底，可以遮盖瑕疵，调和肤色，改善面部皮肤质地，使面部显得健康、光洁和细腻。俗话说："一白遮百丑"，可见面色对于容貌的美化是很重要的。

　　1．粉底颜色的选择

　　粉底除需质地细腻、性质温和之外，最重要的是对颜色的选择。选择粉底颜色的基本原则是与肤色相接近。过白的粉底会给人假的感觉，像戴着一个面具，无法产生美感。粉底颜色过深，会使皮肤显得太暗，也收不到好的效果。只有使用与肤色相近颜色的粉底，才能在美化肤色的同时又尽显自然本色。因为这种颜色的粉底可与皮肤结合得自然真实。

除根据肤色选择粉底外，还要根据妆型的需要来选择粉底色。在自然光线下应选择比肤色稍深一些的粉底，这样会显得自然，不易流露化妆痕迹。浓妆在选择粉底色时随意性较强，因为浓妆所展示的场景允许适度夸张，可根据化妆造型设计的特殊需要进行选择。例如，新娘妆原本是浓妆，但为了表现新娘的喜悦和娇羞，新娘妆常选择淡粉色粉底。

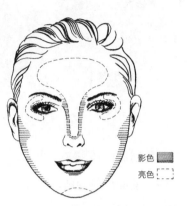

以上所述为基色粉底的选择。所谓基色是指通过涂抹粉底所形成的一种基本面色。在基色的基础上，还常涂抹亮色和影色。亮色是比基色浅的粉底色，影色是比基色深的粉底色。通过使用亮色和影色，可以突出面部的立体结构和修正不理想脸型（图3-30）。

影色 ▨
亮色 ⬚

▲ 图3-30 使用亮色和影色修正脸型

2. 遮瑕

遮瑕是面色修饰的一项重要内容。它与粉底组成一个有机的整体，共同作用于面部皮肤的美化和修饰。遮瑕是用遮瑕膏遮盖那些粉底盖不住的瑕疵，在涂粉底前使用。

常用遮瑕膏的颜色有肉色、淡绿色、淡紫色和淡黄色。肉色遮瑕膏很像粉底，只是其遮盖力强于粉底，但美中不足是用后皮肤易失去透明感，所以只适合极小面积使用；淡绿色遮瑕膏对发红的皮肤有抑制和遮盖作用；淡紫色遮瑕膏对偏黄皮肤有一定的抑制和遮盖作用。淡紫色和淡绿色遮瑕膏还可对面部作整体或局部的修饰，但不足之处是局部使用时易留下白色痕迹，整体使用时粉底显得不服帖；淡黄色遮瑕膏是较受喜爱的遮瑕用品，对于各种瑕疵的遮盖效果都很好，而且不影响皮肤的透明感，也不会留下白印，淡妆和浓妆都适合使用。

涂遮瑕膏时，用化妆海绵蘸少量遮瑕膏，轻轻擦按在皮肤上。遮瑕膏的用量一定要少，否则会形成印迹，影响化妆效果。涂抹遮瑕膏时动作要尽量轻，使遮瑕膏薄而均匀地覆盖在皮肤上。面部遮瑕的顺序为眼周—鼻窝—嘴角—面部有斑点的部位（图3-31）。

3. 粉底的涂抹方法

选择适合化妆对象皮肤的粉底，最好选用同一质地的粉底，根据化妆对象的肤色情况和妆色要求，使用粉底调色工具进行调色后，再用蘸有粉底的化妆海绵或粉底刷在额头、眼周、鼻、面颊和下巴等部位依次涂抹。涂抹时由内向外拉抹并可稍加按压，使粉底服帖（图3-32）。

粉底的涂抹方法

▲ 图3-31 涂抹遮瑕膏　　　　　　　　▲ 图3-32 涂抹粉底

　　涂粉底时按顺序一个部位一个部位地进行，不可反复涂抹。粉底涂抹要均匀，薄厚适中，使面部颜色统一。粉底在面部的覆盖要全面，一些细小、易疏忽的部位，如上下眼睑、鼻唇沟和耳均应覆盖粉底。另外，为了化妆的整体效果，在颈部、前胸及其他裸露部位都应涂抹粉底。

　　在基色粉底涂抹之后，还要涂亮色和影色粉底，涂抹的手法与涂基色粉底相同。粉底的涂抹应有准确的位置（参见图3-30），但在化妆中不可机械照搬，而是要根据具体的面部特征而相应变化。

四、面颊的修饰

　　通过腮红对面颊进行修饰可以使面色红润，还能增添女性的妩媚感，通过腮红的修饰还可以修正不理想的脸型。

　　1．腮红的标准位置

　　腮红应位于颧骨上，微笑时面颊隆起的部位。一般情况下，腮红向上不可高于外眼角的水平线，向下不得低于嘴角的水平线，向内不超过眼睛的1/2垂直线（图3-33）。根据脸型和化妆造型的具体情况，腮红的位置和形状会有相应的变化。

　　2．腮红的描画

　　腮红的描画主要是通过胭脂刷的晕染来完成的。腮红的晕染是腮红修饰的重点和难点。操作中用胭脂刷蘸少量胭脂在腮红的中心位置向四周晕开，然后再蘸再晕，直到颜色符合标准为止（图3-34）。在晕染过程中应注意一次不要蘸太多胭脂，否则会使腮红过深或成块状，显得呆板、不自然。特别要注意的是，腮红的晕染效果应是中心颜色深，四周逐渐变浅直至消失，使腮红与面色浑然一体。这样的晕染给人一种从内向外透出的红色，自然而真实。如果腮红画成一个色块，给人的感觉像面颊部的一块浮色，生硬而失真。

腮红的颜色要根据不同妆型的要求进行选择，这部分内容在后续造型化妆中有详细讲解。

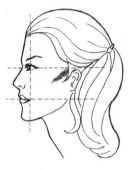

▲ 图3-33　腮红的标准位置　　　　　　▲ 图3-34　腮红的描画

五、鼻的修饰

鼻位于面部正中，为面部最高点，鼻的立体结构使它在面部显得很独特。在对鼻进行修饰时，特别要注意充分地美化，要与面部其他组成和谐一致，完整统一。鼻的美化主要是通过影色和亮色来完成，影色涂于鼻的两侧，称为鼻侧影，亮色涂于鼻梁，使鼻显出挺拔感。

1．标准鼻型

鼻的长度为脸长度的1/3。鼻根位于两眉之间，鼻梁由鼻根向鼻尖逐渐隆起，鼻翼两侧在内眼角的垂直线上，鼻的宽度是脸宽度的1/5（图3-35）。

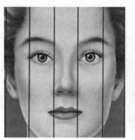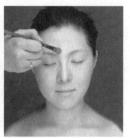

▲ 图3-35　标准鼻型及其修饰

2．鼻的修饰方法

在对鼻进行修饰时，先涂鼻侧影。用化妆海绵蘸少量影色，或用眼影刷蘸少量影色粉，从鼻根外侧开始向下涂，颜色逐渐变浅，直至鼻尖处消失。然后在鼻梁正面涂亮色。在描画时应注意，鼻侧影要尽量柔和，不能彤成两个色条，否则会显得失真。为使鼻的修饰自然，应注意以下几点：

（1）涂抹时注意颜色深浅的变化，鼻根部稍深，越向鼻尖部越浅，直至消失。

（2）不要一次蘸色太多，要一点一点涂。

（3）在画鼻侧影时要先确定好位置再画，不要多次涂改，这样会使妆面显脏。

（4）鼻侧影与鼻梁及面部皮肤的衔接要自然。

（5）鼻侧影的上方要与眼影色相融。

（6）鼻侧影两侧要对称。

（7）鼻梁亮色的宽度要适中，一般是一食指宽。

（8）鼻的修饰多用于浓妆，淡妆要慎用，淡妆鼻侧影的颜色可以用淡淡的腮红代替。

六、唇的修饰

唇的修饰主要是涂抹各种色彩的唇膏。涂唇膏是最为普遍和深受广大女性喜爱的化妆方法。很多不常化妆的女性，也常备一支自己喜爱的唇膏在身边，以便在需要时涂用。可见涂唇膏是很受人们重视的美容法。通过对唇的修饰，不仅能增强面部色彩，而且还有较强的调整肤色的作用。唇的修饰主要由描画唇型和涂抹唇色两部分组成。

1．标准唇型

标准唇型的唇峰在鼻孔外缘的垂直延长线上；唇角在眼睛平视时眼球内侧的垂直延长线上（图3-36），下唇中心厚度是上唇中心厚度的2倍（图3-37）。

2．唇的描画方法

唇的描画有三种方法。

（1）先用唇线笔将上下唇线画出来，再用唇刷涂唇色。画唇线时，先由上唇峰开始向嘴角描画，再将下唇线一笔画出（图3-38）。使用此法画唇，嘴唇的轮廓鲜明突出，但应注意唇线与唇膏要衔接自然，避免唇线太明显。

（2）直接使用唇刷蘸唇膏描画唇线和涂唇色。画唇线时，先画上唇峰再描两侧，下唇也是先画中间再画两边（图3-39），这种画唇法使唇显得自然柔和。

（3）图3-40所示的画唇方法能突出唇的立体效果，即通过唇色的变化增加立体感。具体操作是先用颜色深一些的唇线笔画唇线，口角两侧要加重描画，然后用浅一些的唇膏将唇涂满，最后在唇中部涂上浅色亮光唇膏。亮光唇膏可选用白色、银灰色，甚至金黄色。

唇色的选择也是唇的修饰的一项重要内容，在后续造型化妆中有详细讲解。

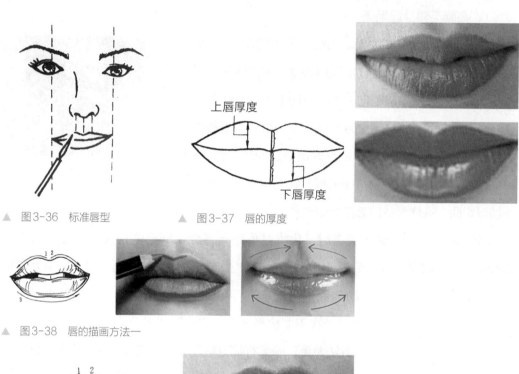

▲ 图3-36　标准唇型　　　　　　　　▲ 图3-37　唇的厚度

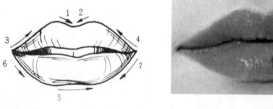

▲ 图3-38　唇的描画方法一

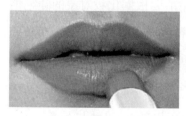

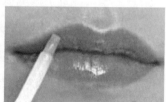

▲ 图3-39　唇的描画方法二

▲ 图3-40　唇的描画方法三

七、睫毛的修饰

睫毛除具有保护眼睛的作用外，对眼睛的美化作用也非常明显。长而浓密的睫毛使人充满魅力。亚洲人的睫毛比较直、硬、短，因而眼睛显得不够生动。修饰睫毛的主要内容是使其弯曲上翘，并且显得长而柔软。修饰睫毛可通过夹睫毛、涂睫毛膏和粘贴假睫毛来完成。

1. 夹睫毛和涂睫毛膏

睫毛的修饰

（1）夹睫毛。用睫毛夹（图3-41）使睫毛卷曲上翘，这样可以增添眼部的立体感。操作时化妆对象眼睛向下看，将睫毛夹的夹口置于其睫毛上，将夹子夹紧稍停片刻后松开，不移动夹子的位置连续做3次或以上，每次固定10秒或以上，使弧度固定。在夹睫毛时应分别从睫毛根、睫毛中部和睫毛尖部三处加以弯曲，这样形成的弧度比较自然。

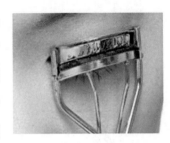

▲ 图3-41　睫毛夹

（2）涂睫毛膏。涂上睫毛时，化妆对象眼向下看，睫毛刷由其睫毛根部向下向外转动。然后眼睛平视，睫毛刷由睫毛根部向上向内转动。涂下睫毛时，眼睛始终向上看，先用睫毛刷的刷头横向涂抹睫毛梢，再由睫毛根部由内向外转动睫毛刷（图3-42）。涂睫毛膏时手要稳，一次不要涂得过多，以免睫毛粘连在一起或弄脏眼周皮肤。可通过薄涂、涂多次的方法避免。如果有睫毛粘连的情况出现，可用眉梳在涂睫毛膏后将其理顺，从而使睫毛保持自然状态。

2. 粘贴假睫毛

涂腮红、涂唇膏、粘贴假睫毛

当睫毛稀疏、睫毛较短或因妆型的需要时，可利用粘贴假睫毛的方法来增加睫毛的长度和密度。

（1）修剪假睫毛。假睫毛选好后，在粘贴前要根据化妆对象的睫毛情况修剪。用眉剪对睫毛的宽度、长度和密度进行修剪。假睫毛修剪应呈参差状（图3-43），内眼角睫毛稀疏，外眼角浓密，这样修饰后的效果比较自然。

（2）将专用胶水涂在假睫毛根部（图3-44），胶水涂抹要薄而均匀，如果胶水涂抹过多，会令眼部产生不适感，或由于胶水太多不易干透而造成假睫毛粘贴不牢。

（3）将涂过胶水的假睫毛从两端向中部弯曲（图3-45），使其弧度与眼球的表面弧度相符，便于粘贴。

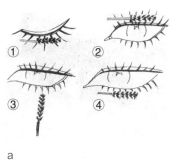

a　　　　　　　　　b　　　　　　　　　c

▲ 图3-42　涂睫毛膏

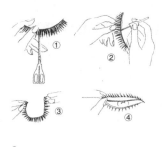
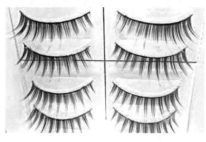

a　　　　　　　　　b

▲ 图3-43　修剪假睫毛

a　　　　　　　　　b　　　　　　　c　　　　　　　图3-45　弯曲假睫毛

▲ 图3-44　粘贴假睫毛

　　（4）用镊子夹住假睫毛，将其紧贴在自身睫毛根部的皮肤上，然后再由中间至两边按压、贴实。由于眼部活动频繁，内外眼角处的假睫毛容易翘起，因此应特别注意假睫毛在内外眼角处的粘贴（图3-46）。

　　（5）在假睫毛粘牢后，用睫毛夹将真假睫毛一并夹弯，使它们的弯度一致，然后涂抹睫毛膏（图3-47）。由于此时的真假睫毛已融为一体，在涂睫毛膏时与上述涂真睫毛的方法相同。

▲ 图3-46　用镊子夹住假睫毛

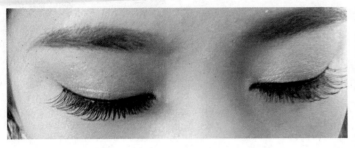

a   b

▲ 图3-47　真假睫毛一并夹弯并涂睫毛膏

　　粘贴假睫毛对于初学化妆的人来说会有一定的难度，操作时注意假睫毛的修剪要自然，粘贴要牢固，真假睫毛的上翘弧度要一致。

实训平台

一、实训准备

1. 工具：化妆用品和化妆工具、清洁和护肤产品、垫纸、消毒酒精、热水、包头毛巾、一次性毛巾、取物小碟、棉签、化妆棉、面巾纸、湿纸巾、小垃圾筒或小垃圾袋。

2. 场地：本专业实训教室。

3. 人员：本专业学生。

二、实训内容

基础化妆技法巩固练习。

1. 清点化妆用品和化妆工具。

2. 消毒。

3. 所用化妆用品和化妆工具的摆台，灯光的准备。

4. 化妆师消毒双手后为化妆对象做化妆前的准备工作（如帮助化妆对象穿护衣、束发、清洁和护理皮肤、修眉）。

5. 化妆。

6. 完成化妆操作体验，填写实训检测表。

7. 卸妆。

8. 清洁整理操作区，关闭电源。

三、实训检测

实训检测表

评价内容		评价要点	评价等级	自评	小组评	实际等级
操作准备		独立完成工作台的清洁整理，正确选择和使用光源；正确选择化妆品，工具摆放整齐；化妆工具保持清洁；个人卫生仪表符合工作要求	A、B、C			
操作步骤		对照操作标准，运用准确的技法，按照规范的操作步骤独立完成实际操作	A、B、C			
操作时间		规定时间内完成任务	A、B、C			
操作标准	底妆	涂抹均匀，没有色块，对肤色、轮廓有明显修饰效果	A、B、C			
	眉	眉的比例准确，结构合理；底色过渡自然，刻画细致，精致生动	A、B、C			
	眼影	晕染过渡自然，无色块感，晕染范围合理，符合眼部特点；晕染眼影后，修饰效果明显，左、右眼形对称，上、下眼睑保持干净	A、B、C			
	眼线	流畅清晰，符合眼型特征，有修饰眼型的效果，左、右眼型对称，上、下眼睑和睫毛保持干净	A、B、C			
	腮红	颜色选择正确，有调整肤色效果；腮红位置正确，范围大小符合脸型特征；晕染过渡均匀，没有色块	A、B、C			
	鼻部	鼻侧影、鼻亮影位置正确，晕染过渡均匀，没有色块，范围大小符合脸型、鼻型特征，鼻部轮廓有明显修饰效果	A、B、C			
	唇部	唇线勾画流畅、无外溢，涂抹均匀，两边对称，修饰后的唇形符合脸型、唇型特征	A、B、C			

评价内容		评价要点	评价等级	自评	小组评	实际等级
操作标准	睫毛	根据眼型特征，正确选择假睫毛；假睫毛粘贴牢固，根部不露胶水；真、假睫毛黏合充分，没有分层；粘贴后左右睫毛对称，有修饰眼型效果	A、B、C			
总评及教师评价：						

任务评价

请同学们结合以上所学知识，小组合作，完成练习：① 分析化妆对象的面部特征，填写任务书，根据化妆对象的面部特征和化妆目的，进行化妆练习。② 完成化妆任务书，并参照化妆评价标准表完成化妆评价（化妆基础练习中，可以尝试不同的化妆对象和目的，通过反复多次的训练，熟练掌握化妆基础技法）。

局部化妆修饰方法和技巧任务评价表

问题	解决方法		
化妆对象的评价	喜欢○	一般○	不喜欢○
自我评价			等级
教师评价			等级

综合训练

一、填空题

1. 化妆时化妆师应站在化妆对象的_____，并始终保持这个位置。

2. 修眉方法有拔眉法、_____、剪眉法。

3. 立体晕染包括_____和结构画法。

4. 标准鼻型的长度为脸长度的_____。

5. 标准唇型的下唇中心厚度约是上唇中心厚度的_____倍。

二、单项选择题

1. 画眉始于（　　）时期，《楚辞·大招》中便有"粉白黛黑"，说明当时已有用黛画眉之俗。

A. 战国　　　　　　　　B. 汉代　　　　　　　　C. 唐代　　　　　　　　D. 魏晋

2. 眉的标准深浅是（　　）。

A. 从眉头到眉梢一样　　　　　　　　　　B. 从眉梢到眉梢下面深，上面浅

C. 两头淡、中间深，上面淡、下面深　　　D. 两头深、中间淡，上面淡、下面深

3.（　　）色眉笔与黄棕色的发色不相配。

A. 烟　　　　　　　　　B. 浅棕　　　　　　　　C. 黑　　　　　　　　　D. 浅黄棕

4. 双眼皮胶带应在（　　）粘贴。

A. 洁面后，打粉底前　　B. 定妆后　　　　　　　C. 贴好假睫毛后　　　　D. 完妆后

5. 眼影可分为（　　）。

A. 亮色、表现色、暗色　　　　　　　　　B. 浅色、深色、暗色

C. 影色、亮色、强调色　　　　　　　　　D. 亮色、影色、暗色

6. 对粉底的叙述正确的是（　　）。

A. 蓝色或淡绿色底妆可以消减皮肤的红色调

B. 淡紫色和粉红色可使暗黄的肤色生动

C. 白色底妆可用来增加光亮度使得肤色更亮丽

D. 以上皆是

7. 粉底的主要作用是（　　）。

A. 掩盖瑕疵　　　　　　B. 调整肤色　　　　　　C. 体现质感　　　　　　D. 使皮肤透气佳

8. 涂抹腮红的标准范围是（　　）。

A. 眼角至嘴角　　　　　B. 眉尾至鼻底　　　　　C. 眉底至鼻翼　　　　　D. 眼角至下巴

9. 在画唇型时，上唇角略（　　）下唇角。

A. 长于　　　　　　　　B. 短于　　　　　　　　C. 厚于　　　　　　　　D. 薄于

10. 晦暗、发黄的肤色可以用（　　）的粉底修饰。

A. 紫色　　　　　　　　　B. 米白色　　　　　　　　C. 绿色　　　　　　　　D. 粉色

11. 距离相等的是（　　）。

A. 眉长、眼宽、两眼间距　　　　　　　　　　　B. 两眉间距、眼宽、唇宽

C. 眼宽、两眼间距、鼻宽　　　　　　　　　　　D. 两眉间距、两眼间距、唇宽

三、判断题

1.（　　）标准眉峰定位法，沿瞳孔外侧做垂线，与眉毛相交处即为标准眉峰。

2.（　　）额是脸部的最上端，标准的额为面部的1/3长。

3.（　　）拔眉要顺着眉的生长方向快速拔掉。

4.（　　）化淡妆时也可用化妆刷蘸眼影粉描画眉，使眉色自然。

5.（　　）眼线笔笔芯软容易描绘，色彩柔和自然，适用于生活淡妆。

6.（　　）化妆与素描有许多相似处，主要是利用色彩明暗、冷暖来表现面部凹凸。

7.（　　）腮红涂浓些可使瘦脸显丰满。

8.（　　）眉由眉头、眉峰、眉梢三部分组成。

9.（　　）粉扑蘸取蜜粉后，应先相对揉搓，再扑粉到脸上，这样才能使蜜粉扑得均匀。

10.（　　）眼睛的美感主要源于眼型。

11.（　　）红脸宜选用淡绿色粉底。

12.（　　）睫毛膏的使用方法是从睫毛梢向里转刷。

13.（　　）透明蜜粉用后不改变底色，具有透明感。

四、简答题

1. 试述标准眉的特征。

2. 简述眼影的晕染方法。

3. 举例说明选择粉底的主要依据。

4. 标准腮红的位置在面部的什么范围中?

5. 为使鼻子的修饰自然，应注意些什么?

6. 化妆时的光线有哪些要求?

7. 化妆皮肤的日常保养应注意什么?

项目四
化妆色彩

[导读]

赤橙黄绿青蓝紫，谁持彩练当空舞？世界充满着色彩，向我们展示着它们的绚丽。而化妆更是与色彩分不开的，眼影、口红、腮红、蜜粉、粉底等，都有着丰富的色彩。那么，如何用好不同颜色的化妆品，让人们变得更加美丽，并使之与搭配色相协调，从而达到整体统一的美感呢？本项目将通过色彩基本常识，化妆常用色彩的搭配，光色与妆色，人物与妆色相互关系的学习，指导在美容化妆操作中灵活运用化妆色彩搭配技巧，达到理想的化妆效果。

[项目目标]

☆了解色彩的基本知识和搭配规律，以及和各种颜色在不同光线下的变化。

☆了解色彩与色彩之间的相互搭配与组合。

☆了解化妆色彩的情感作用，掌握化妆色彩运用方法。

☆掌握利用在不同光线条件下色彩的变化规律进行化妆造型。

[关键词]

色彩　三原色　冷色　暖色

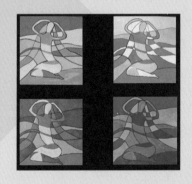

案例引入：杨丽看着化妆品中五颜六色的眼影和口红，有些无从下手了，这么多颜色到底怎样搭配才会符合妆型要求，让妆面更好看呢？

任务一　色彩基本常识

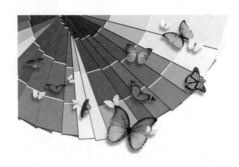

知识与技能平台

一、色彩的分类

色彩分为无彩色系和有彩色系两大类，无彩色系是指白色、黑色和深浅不同的灰色；有彩色系是指色环谱上的红、橙、黄、绿、蓝、紫及其不同明度、不同纯度变化的颜色（图4-1）。

人们对各种色彩的感知是视觉现象的反映，而这种视觉现象是由光的吸收和反射作用造成的。太阳光给我们的感觉是白光，其实它是由许多色光组合而成的。太阳光通过棱镜片可被分解成红、橙、黄、绿、青、蓝、紫七种颜色（图4-2），用凸透镜将这七种颜色聚拢起来，则又变成白光。当太阳光照射在物体上，七种色光成分有的被物体吸收了，有的被物体反射出来，反射出来的色光即是人看到这个物体的颜色。由此可见，物体的色彩是由该物体表面所反射出来的色光所决定的。例如，太阳光照在某物体表面，此物吸收了除红色之外的其他六种颜色，只反射红色，我们看到的这个物体就是红色。有彩色系中的其他颜色都与红色的反射原理相同。在无彩色系中，黑色是物体将白光中的七种色光成分全部吸收所呈现出来的；白色是物体将白光中的七种色光成分全部反射而形成的；灰色是由于物体吸收和反射全部光的程度不同而形成的。

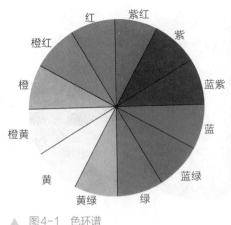

▲ 图4-1　色环谱

▲ 图4-2　太阳光通过棱镜片

二、三原色、三间色和复色

色彩的变化是丰富多彩的，同时又是具有规律性的，运用其规律进行组合，会变幻出无穷的颜色。然而，无论怎样变化，都有三种颜色是无法用其他颜色调配出来的基本色，即"原色"。原色是各种色彩的变化之本。原色之间的混合可产生间色，一种原色和一种间色混合又可调配出复色。

1. 三原色

三原色是指颜色在混合的过程中，一般不能用其他任何颜色混合调制出来的最基本的颜色，因此又称"第一次色"。三原色在色环中呈等边三角形，如图4-3所示，红、黄、蓝这三种颜色是三原色。

2. 三间色

三间色是由其中两种原色调配出来的颜色，因此，又称"第二次色"。红色与黄色可调配成橙色，黄色和蓝色可调配成绿色，蓝色与红色可调配成紫色，原色之间呈等边倒三角形（图4-4）。橙色、绿色、紫色这三种颜色就是三间色。在调色时，原色量的不同可以产生丰富的间色变化。

3. 复色

复色是用原色与间色相调而成的颜色，也叫复和色，又称"第三次色"，指如图4-4中在原色与间色之间的颜色。复色千变万化，异常丰富，也更具有表现力，如黄绿色、蓝紫色、橙红色，这些色彩是化妆用色的基础色。

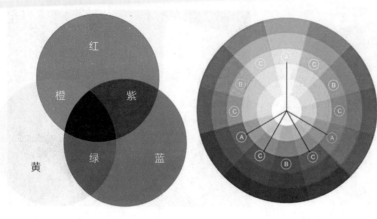

▲ 图4-3　三原色　　　　　　　▲ 图4-4　三间色

三、色彩的各类要素

色彩的基本要素为色相、明度、纯度，另外，在化妆中，从色彩的视觉上分为冷、暖，称色性。而在化妆中应用各种色彩的对比关系时，要注意整体效果即色调。

（一）色彩的基本要素

1.色相

色相是色与色之间的差别所在，也是色彩的"相貌"和"特征"。人们所识别的红、橙、黄、绿、青、蓝、紫就是七种基本色相（图4-5）。在黄与绿之间可区分出百余种不同的色相，在红与蓝、黄与红之间也同样能区分出许多不同的色相。人眼可辨别出几万甚至几十万种颜色。

2.明度

明度是指色彩的明亮程度，即色彩在明暗、深浅上的不同变化，不同颜色按明度高低排列，如图4-6所示。

3.纯度

纯度是指色彩的饱和度（图4-7）。纯，是指颜色中不加入其他颜色，例如，色彩中加入了白色，纯度便会降低，颜色显得浅淡；纯度较高时，颜色便会显得醒目。在运用色彩时，一定要注意明度与纯度的关系，在一块纯净颜色中加入的白色越多，这块色彩的明度就越高，纯度就越低；如果还是在这块纯净的颜色中加入黑色，这块颜色的明度就低，加入的黑色越多，则这块色彩的明度就越低，纯度也越低。

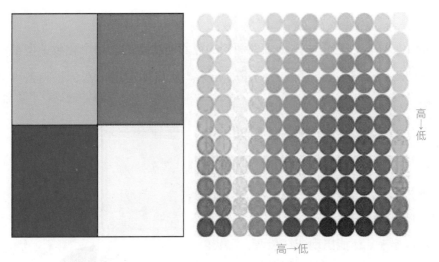

▲ 图4-5 色相 　　　　▲ 图4-6 色的明度排列

▲ 图4-7 色的纯度

（二）色彩的应用要素

1. 色性

色性是指色彩的冷暖属性（图4-8）。这里所说的冷暖并不是指色彩之间在温度上的差别，而是指色彩给予人心理上所产生的冷暖感觉。例如，绿色与蓝色使人感觉清爽，橙色和红色使人感到温暖。

色彩的冷暖不是绝对的，而是在色彩的互相比较中显现出来的。红色中包括紫红、深红、大红、朱红等色，这些都被称为暖色。在这些色中，深红与紫红相比，紫红偏冷，深红偏暖；紫红与大红相比，紫红偏冷，大红偏暖；

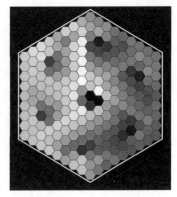

▲ 图4-8 色性

大红与朱红相比，大红偏冷，朱红偏暖。所以说每种色彩都有冷暖属性。在化妆造型中，色彩的冷与暖要看色彩之间的搭配情况，不同色彩的搭配会产生不同的冷暖效果。

2．色调

色调是指总的色彩倾向。它是由占据主要面积的色彩所决定的。每个化妆造型都应有自己独特的色调，它是构成色彩统一的重要元素。从具体运用上看，是指各种特定色调的选择。

从色相分：有红色调、黄色调、橙色调、棕色调等。

从色彩的明度分：有亮色调、灰色调、暗色调。

从色彩的纯度分：有鲜色调、浊色调。

从色性上分：有冷色调、暖色调。

将这些要素混合起来，还能出现淡红色调、深灰色调、暖艳色调等许许多多的色调（图4-9）。由此可见，色调的形成不是由单一的要素决定的，而是上述各个要素的综合体现。

为了在化妆中更好地运用各种色彩，需要锻炼准确、敏锐的色彩辨别能力，能在色彩的微妙差异中比较区别，这对于表现丰富的化妆用色是十分重要的。

▲ 图4-9 亲和力强的颜色偏向于暖色和饱和度低的温和的颜色

四、色彩的情感作用

大自然中不同的色彩变化，使人产生不同的观感。人们在长期的生活和实践中，对于不同的色彩已经逐渐形成了一种特定的感受与心理反应（图4-10）。色彩对眼的刺激作用能在人的心里留下印象，并产生象征性意义和情感。色彩的情感象征，会使人对于色彩产生不同的好恶。基于这一点，在化妆实践中，美容师可以利用色彩的情感作用，表现不同妆型的特点，增强化妆造型的表现力，将外部的描画与人的内在气质相统一。

色彩情感的产生，并不是色彩本身的功能，而是人们赋予色彩的某种文化特征，使色彩具有某种含义和象征，这些因素影响着人们对于色彩的感受。例如，白色给人以纯洁高雅的感觉；绿色象征生命、青春与和平；黄色与红色给人以华贵、热情、温暖的感觉；蓝色给人以宁静、清爽的感觉；黑色则表现庄严与肃穆。这些具有丰富情感作用

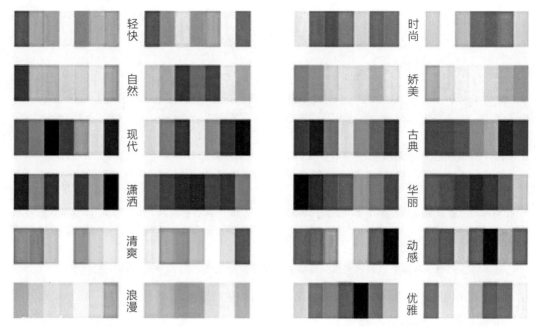

轻快　自然　现代　潇洒　清爽　浪漫　时尚　娇美　古典　华丽　动感　优雅

▲　图4-10　色彩的情感表示

的色彩在不同的民族、不同的传统文化与文化修养的人们中也会有不同的反应。例如，黑、白两色在中国的许多地方是人们悼念逝者时所穿着的服装颜色，但是在有些国家却被视为高雅、庄重的礼服用色；另外，白色做成婚纱，表现新娘的纯洁与妩媚，已逐渐为大多数人们所接受。在中国的封建社会，黄色是富贵与权力的象征；在非洲某些原始部落，红色代表着天与地。化妆时，要充分考虑妆型所表现的场合、环境、人物的气质特点、服装等因素，选择能表现化妆设计思想以及具有映衬情感作用的色彩，使妆型更具表现力。

实训平台

一、实训准备

1. 工具：水粉颜料、画笔、铅笔、调色盘、素描纸、洗笔筒、小垃圾筒或小垃圾袋。

2. 场地：教室。

3. 人员：本专业学生。

二、实训内容

色彩练习。

1. 清点工具。

2. 固定好素描纸。

3. 用铅笔在素描纸上勾画出色卡的形状。

（1）做一个暖色类、冷色类、中间色类区分的排列表，分三行排列，并分别涂在整齐的方格内，用文字标明色彩名称。

（2）参照三原色、三间色色环，做一个12色相色环。

（3）将调色盒内每一种颜色，按照明度从高到低的顺序，排列成一排大小相等的小色片。

4. 在调色盘中调制好相应的水粉颜料，用画笔刷蘸取适量进行涂色。

5. 完成色卡涂色，填写实训检测表。

6. 操作区的清洁和整理。

三、实训检测

实训检测表

评价内容	评价要点	评价等级	自评	小组评	实际等级
操作准备	独立完成操作台的清洁整理；准备水粉颜料、画笔、调色盘、素描纸、洗笔筒，排列整齐，保持清洁；个人卫生仪表符合要求	A、B、C			
操作步骤	对照操作标准，运用准确的技法，按照规范的操作步骤独立完成实际操作	A、B、C			
操作时间	规定时间内完成任务	A、B、C			
操作标准	线条勾画流畅，色彩涂抹均匀，无外溢；调色准确；画面干净整洁	A、B、C			
总评及教师评价：					

任务评价

色彩基本常识任务评价表

问题	解决方法
自我评价	等级
教师评价	等级

任务二　化妆常用色彩搭配

知识与技能平台

一、化妆中的常见色彩搭配方法

化妆造型，是美容师利用各种颜色的化妆品并通过熟练的化妆技巧来体现的一种艺术形式。通常在一个妆型中会出现几种不同的颜色，因此合理地运用色彩是决定妆容效果是否完美的重要因素。另外，在运用色彩时，所要表现的情感因素要与妆面效果达成一致，否则，不恰当地搭配色彩，一定会造成凌乱无序的妆面形象。化妆中丰富的色彩搭配，一般可以分为以下五类。

1. 明度对比

明度对比是指使用的色彩在明暗程度上产生对比的效果，也称深浅对比（图4-11）。化妆造型离不开色彩的使用，而明度对比是众多色彩搭配方法中强调立体效果的一种，即利用深浅不同的颜色使较平淡的五官显得醒目，具有立体感。明度对比有强弱之分，强对比颜色间的反差大，效果醒目、强烈，如黑色与白色，对比强烈，产生明显的凹凸效果。这种搭配方法在化妆中经常使用，像立体晕染法就是通过明度强对比来

▲ 图4-11　色彩的明度变化

实现的。弱对比则淡雅含蓄，比较自然柔和。

2.纯度对比

纯度对比是指由于色彩纯度的区别而形成的色彩对比效果（图4-12）。纯度越高，色彩越鲜艳，于是纯度对比越强，色彩所呈现的效果便鲜明艳丽。纯度低，色彩便浅淡，于是纯度对比越弱，色彩所呈现的效果则含蓄、柔和。化妆造型使用纯度对比的色彩搭配时，要分清色彩的主次关系，在突出妆型特点的基础上，选择颜色纯度的强与弱，避免产生凌乱的妆面效果。

3.同类色对比、邻近色对比

同类色对比是指在同一色相中，色彩的不同纯度与明度的对比，如在化妆中使用深棕色与浅棕色的晕染便属于同类色对比。邻近色对比则是指色环谱上距离接近的色彩对比（图4-13），例如绿与黄、黄与橙的对比。这两种色彩的搭配特点是比较柔和、淡雅，不会产生对比强烈的视觉效果，但是容易产生平淡、模糊的妆面效果。所以在使用同类色对比与邻近色对比的搭配进行化妆造型时，要适当地调整色彩的明度，使妆面效果和谐。

▲ 图4-12　色彩纯度对比效果

▲ 图4-13　邻近色对比

4.互补色对比、对比色对比

互补色对比是指在色环谱上成180°的相对的两个颜色，如红与绿、黄与紫、蓝与橙的对比（图4-14）；对比色对比是指三个原色间的相互对比。这两种对比都属于强对比，对比效果强烈，引人注目，适用于浓妆或气氛热烈的场合。在搭配时，需注意颜色的使用量要有所区别。色彩的使用量相同，妆面会显得模糊；色彩的使用量分出主次，妆面便会显得醒目。例如红色与绿色，同量的红色与绿色在一起搭配，会产生强烈艳俗的视觉效果，但是如果其中一个颜色的使用量稍少，或是降低纯度，如红色与墨绿搭配，则效果醒目（图4-15）。

5．冷色、暖色对比

色彩的冷暖感觉是由某种颜色给予人的心理感受所产生的。暖色艳丽、醒目，具有扩张的感觉，容易使人兴奋，使人感觉温暖。冷色神秘、冷静，具有收缩的感觉，使人安静平和，感觉清爽。冷色在暖色的映衬下，会显得更加冷艳。例如，冷色系的妆面中稍微有些暖色点缀，则更能衬托妆容的冷艳；同样暖色在冷色的映衬下会显得更加温暖。冷暖色三色配色中，两个暖色加一个冷色的三色搭配会表现得有活力，两个冷色加一个暖色的三色搭配会表现得安静，在化妆用色时，应充分考虑到这一点（图4-16）。

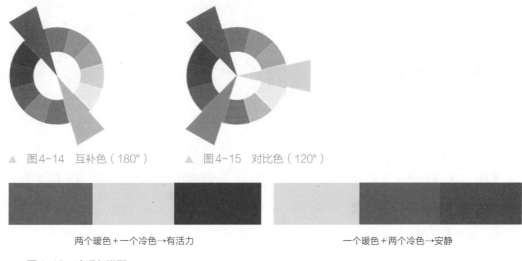

▲ 图4-14 互补色（180°）　　▲ 图4-15 对比色（120°）

两个暖色＋一个冷色→有活力　　　　　　　一个暖色＋两个冷色→安静

▲ 图4-16 冷暖色搭配

二、眼影色与妆面的搭配

1．淡妆眼影色及妆面效果

淡妆中所使用的眼影色的总体特点是柔和，搭配后效果自然，因为所用的颜色浅淡，化妆后的妆面效果似有似无。化淡妆，要根据个人的喜好、年龄、职业、季节与眼睛的条件来选择使用眼影色。例如，浅蓝色与白色搭配，搭配后眼睛显得清澈透明；浅棕色与白色搭配，则使妆面显得冷静、朴素；浅灰色与白色搭配，搭配后效果理智、严肃；粉红色与白色搭配，则充满了青春的活力。

2．浓妆眼影色及妆面效果

浓妆中所使用的眼影色艳丽、跳跃，对比强烈，搭配后效果醒目，颜色浓艳，强调五官的清晰度与立体结构。化浓妆时，要根据不同的妆型选择所使用的眼影色（图4-17）。

例如，紫色与白色搭配，妆型冷艳，具有神秘感；深棕色与白色搭配，妆型优雅、脱俗。浓妆的眼影选择颜色范围较广，在不同的妆型中，凡是较浓重的颜色都可以与浅色配合使用，以使眼睛凹陷，如深棕色、黑色与白色搭配，强调眼睛的立体结构，使眼睛显得凹陷、立体；橙色与黄色搭配后效果艳丽；橙色与白色搭配，显示女性的温柔；绿色与黄色搭配后极具田园风情，新鲜且浪漫。

▲ 图4-17 双色眼影配色

三、腮红色与妆面的搭配

1．淡妆腮红色

粉红色、浅棕红色、浅橙红色等比较浅淡的颜色常用于淡妆中。

淡妆在选择腮红颜色时要特别注意与眼影色及妆面的其他色彩相协调，使用同一色系的颜色是化淡妆的用色原则。

2．浓妆腮红色

棕红色、玫瑰红色、紫红色等较重的颜色常在浓妆中使用，这些颜色可以配合其他妆色达到妆型要求。但是腮红颜色与眼影色和唇色相比，其纯度与明度都应适当减弱，目的是使妆面色彩整体协调。

四、唇膏色与妆面的搭配

唇膏与妆面
的搭配

棕红色：朴实，适用于中老年女性，其他年龄女性也可根据化妆设计的具体需要使用，其妆面效果稳重、成熟、含蓄。

橙红色：醒目、热情，适用于青年女性，妆面效果热情奔放。

紫红色：成熟、艳丽，适用于晚宴化妆，妆面效果端庄、神秘。

粉红色：青春、柔和，适用于少女妆等浅淡妆型，表现温柔、可爱的形象。

玫瑰红色：鲜艳、亮丽，可用于晚宴化妆与新娘化妆，妆面效果醒目、艳丽。

在一些特定的环境和场合，如时装发布会、发型展示会、一些化妆表演赛、化装舞会，唇膏用色还有黑色、蓝紫色、绿色、金色等，这要视具体环境要求而选用。

五、化妆对象与妆色的搭配

每个人都有自己喜好的颜色，而在这么多五花八门的彩妆里面颜色更是丰富多彩，在这么多的颜色里面选择适合自己的色彩是许多人都头疼的问题，那么如何选择适合自己的颜色呢？这和我们的肤色、眼睛的颜色、发色、着装的色彩都分不开。

从世界范围来看，人类的肤色可以分为黄、白、黑三种，而亚洲人属于黄种人，但不要以为都是黄种人，选择的色彩就都一样了，即便都是黄色的皮肤，也有很大的区别。在亚洲人的肤色当中，中国人的肤色属于黄色偏灰棕色还偏绿（西部高海拔地区是黄色偏绿再偏红，就是常说的"高原红"），这就是有时候对着镜子看久了会发现自己脸色发青的原因。总的来说，中国人肤色偏暖色调，而且每个人的肤色都有区别，这就要求在化妆前首先要了解化妆对象的肤色。

眉和眼的妆色可以根据眼珠的冷暖色来确定。通常情况中冷色系的眼珠色可以搭配冷色系眉色和眼影色，反之暖色系眼珠色可以搭配暖色系的眉色和眼影色。在化妆中可依据不同的情况，灵活使用冷暖色系的色彩。

化妆还需和发色及服饰色相协调。黄种人的发色大都是黑色或深棕色，随着现在漂染技术的应用，也有很多其他的发色，在化妆的时候这些因素也要考虑进去。化妆时要先确定服装再定发型。例如平时的生活妆，穿着自然休闲，发型也要随意自然一些，妆容也应以淡雅、自然为主。要根据服装色彩来搭配彩妆。如浅色服饰，化妆要淡、素，色彩应与服装的色彩相一致，或者是同类色系；深色服饰，既可以选择同色系彩妆，也可以选择一些强烈的对比色来协调过深的服饰色彩，使人显得轻松，有精神。 有花纹的服饰，则可以选择服装花纹里的几个主要色彩作为彩妆颜色，这样就不会显得花哨，也很协调。

一、实训准备

1. 工具：人脸图纸、彩色铅笔、面巾纸、橡皮、削笔刀、小垃圾筒或小垃圾袋。

2. 场地：教室。

3. 人员：本专业学生。

二、实训内容

色彩搭配练习。

请同学们结合所学知识，对照配色方法，在人脸图上完成配色练习，熟悉常用配色方法。

1. 清点工具。

2. 参照色卡进行妆色的配色。

3. 在人脸图上用铅笔勾画发际线和颈、肩部的轮廓，再进行面部局部的勾勒和描绘，如眼睛、眉毛、面颊、鼻、唇、面色、头发。最后画上服装和饰品，完成整幅图的绘制。

4. 整体妆色微调。

5. 完成色彩搭配，填写实训检测表。

6. 操作区的清洁和整理。

三、实训检测

实训检测表

评价内容	评价要点	评价等级	自评	小组评	实际等级
操作准备	独立完成操作台的清洁整理；准备水粉颜料、画笔、调色板、素描纸、洗笔筒，排列整齐，保持清洁；个人卫生仪表符合要求	A、B、C			
操作步骤	对照操作标准，运用正确的技法，按照规范的操作步骤独立完成实际操作	A、B、C			
操作时间	规定时间内完成任务	A、B、C			
操作标准	线条勾画流畅，色彩涂抹均匀；能够熟练运用色彩原理进行妆色的搭配设计；画面干净整洁	A、B、C			
总评及教师评价：					

任务评价

化妆常用色彩搭配任务评价表

问题		解决方法	
自我评价		等级	
教师评价		等级	

任务三　光色与妆色

知识与技能平台

一、光的基本常识

从物理学的角度来看，一切物体的颜色都是光线照射的结果。相同的物体在不同的光线照射下会呈现不同的颜色。即使同是阳光，早晨、中午、傍晚的颜色也是不同的：早晨的光色偏黄或玫瑰色，中午的光色偏白，而傍晚时的光色偏橙红或橙黄色。光线的颜色直接影响到妆面的颜色。在这里，光源对于化妆造型极为重要。光源可以是自然光，即日光，自然光的特点一般是比较柔和，不强烈；光源也可以是人造光，即灯光，人造光的特点是，可以根据不同的设计变化光色和投照的位置。在化妆时，如果光源发生了变化，那么在光投照下的妆色也会发生不同程度的变化。

二、光色与妆色的关系

光色依色相可以分成冷色光与暖色光，冷暖色光可以使相同的妆色产生变化。

暖色光照在暖色的妆面上，妆面的颜色会变浅，效果比较柔和；冷色光照在冷色的妆面上，妆面则显得艳丽。例如，蓝色的光照在紫色的妆面上，妆面效果更加冷艳。暖色光与冷色妆面、冷色光与暖色妆面则会产生模糊、不明朗的妆型效果。又如，蓝色光照在橙红妆面上或橙红色光照在蓝色妆面上，都会使妆型显得浑浊。

化妆造型时，要根据展现妆型时的光色条件来选择所使用的妆色。

三、常见光色对妆面产生的影响

红色光：在红色光的投照下，红色、橙色与黄色等偏暖的妆色会变浅、变亮，妆型依然亮丽、醒目；如果红色光照射在蓝、绿、紫等冷色妆面上，妆色就会显得暗。

蓝色光：在蓝色光的投照下，紫色、棕色等妆色都会变暗，接近黑色；蓝色与绿色的妆面则变得鲜亮，黄色妆面则变成暗绿色。

黄色光：在黄色光的投照下，暖色妆面会显得更加明亮，红色愈加饱和，橙色接近红色，黄色接近白色，绿色成为黄绿色；而冷色系的蓝色与紫色成为暗黑色，浅淡的粉红则显得艳丽。

如果化妆时不考虑妆色展示时的光色环境，可能会使完美的妆色变得丑陋或滑稽。因此要根据光色选择妆色。

四、常见光色环境中化妆应注意的问题

1. 红色光

红色光可以使妆面颜色变浅，五官的立体结构不突出。所以在化妆时，要强调刻画五官的立体结构，利用阴影色使轮廓突出，这样经过红色光照射，面部不会显得过于平淡。

2. 蓝色光

蓝色光可以使红色的妆面变暗而成为紫色。因此，化妆时用色要浅，口红应使用偏冷的颜色。

3. 黄色光

黄色光可使妆色变浅，化妆时用色应浓艳。

4. 强光

强光的照射会使一切妆色变浅且显得苍白，化妆时要刻意强调五官的清晰度。

5．弱光

弱光的照射会使妆面显得模糊，所以要强调面部线条与轮廓的清晰。

实训平台

一、实训准备

1. 工具：化妆用品和化妆工具、清洁和护肤产品、垫纸、消毒酒精、热水、包头毛巾、一次性毛巾、取物小碟、棉签、化妆棉、面巾纸、湿纸巾、小垃圾筒或小垃圾袋。

2. 场地：本专业实训教室。

3. 人员：本专业学生。

二、实训内容

在不同的光色下完成化妆训练。

请同学们结合以上所学知识，对照配色方法，结合已经完成的配色人脸图纸，尝试在红色光、蓝色光、黄色光、强光、弱光中进行真人化妆用色的练习。

1. 清点化妆用品和化妆工具。

2. 消毒工作。

3. 所用化妆用品和化妆工具的摆放，灯光的准备（红色光、蓝色光、黄色光、强光、弱光）。

4. 化妆师消毒双手后为化妆对象做化妆前的准备工作（如帮助化妆对象穿护衣、束发、清洁和护理皮肤、修眉）。

5. 化妆。

6. 完成常见光色中的化妆操作，填写实训检测表。

7. 卸妆。

8. 清洁整理操作区，关闭电源。

三、实训检测

实训检测表

评价内容	评价要点	评价等级	自评	小组评	实际等级
操作准备	独立完成工作台的清洁整理，正确选择和使用光源；正确选择化妆品，化妆工具摆放整齐；化妆工具保持清洁；个人卫生仪表符合工作要求	A、B、C			
操作步骤	对照操作标准，运用正确的技法，按照规范的操作步骤独立完成实际操作	A、B、C			
操作时间	规定时间内完成任务	A、B、C			
操作标准	能够准确判断光色，结合光色熟练进行妆色的设计和搭配	A、B、C			
总评及教师评价：					

任务评价

光色与妆色任务评价表

问题	解决方法

化妆对象的评价	喜欢 ○	一般 ○	不喜欢 ○	
自我评价			等级	
教师评价			等级	

综合训练

一、填空题

1. 丰富多彩的颜色分为有彩色系和_____两大类。

2. 黑色是物体将白光中的七种色光成分_____所呈现出来的。

3. 物体的色彩是由该物体表面_____所决定的。

4. 复色是用原色与_____相调而成的颜色，又称"第三次色"。

5. 明度是指色彩的明亮程度，即色彩在_____上的不同变化。

6. 纯度是指色彩的_____。

二、单项选择题

1. （   ）色彩对比最强。

A. 蓝与紫　　　　　　　B. 红与橙　　　　　　　C. 橙与黄　　　　　　　D. 黑与白

2. 对于色彩的变化，必须了解色彩的（   ），才能更好地表现色彩。

A. 色相　　　　　　　　B. 明度　　　　　　　　C. 纯度　　　　　　　　D. 色调

3. 红色与黄色混色后形成（   ）。

A. 橙色　　　　　　　　B. 紫色　　　　　　　　C. 绿色　　　　　　　　D. 白色

4. 在有彩色系中，纯度相同时明度最高的是（   ）。

A. 红色　　　　　　　　B. 白色　　　　　　　　C. 黄色　　　　　　　　D. 紫色

5. 无彩色系只具有（   ）属性。

A. 色相　　　　　　　　B. 纯度　　　　　　　　C. 明度　　　　　　　　D. 彩度

6. 色彩千变万化，主要由三个基本色彩按不同的比例混合而成，而他们本身不能再分离出其他色彩成分，所以被称为（   ）。

A. 三本色　　　　　　　B. 三色　　　　　　　　C. 原色　　　　　　　　D. 三原色

7. 化妆常用色彩的搭配方法是（   ）。

A. 同类色组合、类似色组合、对比色组合、主次色组合

B. 类似色组合、对比色组合、主次色组合、色系色组合

C. 同类色组合、相近色组合、对比色组合、主色调相配

D. 同类色组合、邻近色组合、对比色组合、同色调相配

8. 纯度相同时，下列颜色最暗的是（   ）色。

A. 红　　　　　　　　　B. 橙　　　　　　　　　C. 黄　　　　　　　　　D. 紫

9. 同类色相对比是指色环（   ）位置。

A. 45°　　　　　　　　 B. 120°　　　　　　　　C. 0°　　　　　　　　　D. 180°

10. 色彩明度最低的是（   ）色。

A. 红　　　　　　　　　B. 黄　　　　　　　　　C. 紫　　　　　　　　　D. 白

11. 红色的补色是（　　）。

A. 青色　　　　　　　B. 白色　　　　　　　C. 黄色　　　　　　　D. 紫色

12. 在白炽灯灯光下，彩妆应以（　　）色系显示妆的柔美。

A. 粉红　　　　　　　B. 金黄色　　　　　　C. 蓝色　　　　　　　D. 棕色

13. 下列色彩中既是冷暖对比又是互补色的是（　　）。

A. 蓝和橙　　　　　　B. 红和蓝　　　　　　C. 橙和绿　　　　　　D. 红和紫

14. 肥厚眼睑适宜描画（　　）的眼影色。

A. 橙色　　　　　　　B. 棕色　　　　　　　C. 红色　　　　　　　D. 黄色

15. （　　）纯度最低。

A. 原色　　　　　　　B. 间色　　　　　　　C. 复色　　　　　　　D. 互补色

16. 日光灯灯光下，下列化妆的叙述错误的是（　　）。

A. 若采用粉红色系，化妆表现感较差

B. 尽量避免采用蓝色眼影

C. 采用金黄色系的化妆，眼部色彩会被日光灯中的蓝光吸走，较不合适

D. 化妆时采用冷色系的彩妆会使彩度提高，而黄色、咖啡色眼影会使明度降低

17. 红色所代表的抽象意义为（　　）。

A. 热情、奔放　　　　B. 辉煌、安全　　　　C. 广阔、自由　　　　D. 生命力、和平

三、判断题

1.（　　）色彩的三要素为色相、明度和纯度。

2.（　　）化妆时，如果背景光强，肤色的颜色选择应当深些。

3.（　　）阴影色具有收紧、后退和凹陷的作用。

4.（　　）脸型瘦小的人化妆上应使用较浅颜色的粉底。

5.（　　）彩色摄影化妆的妆色能较真实地反映在图片上，化妆要柔和自然，用色要简单。

6.（　　）有辨色类疾病者不影响其从事化妆工作。

7.（　　）化妆艺术是一门视觉技术。

8.（　　）色彩的纯度高，明度不一定高。

9.（　　）晚宴的场合一般灯光较弱，五官轮廓显得不清晰，所以妆色要浓。

10.（　　）黑白摄影化妆指的是使用黑白胶片进行的摄影化妆。

11.（　　）平常所见的白色光是七色光的混合。

12.（　　）在柔和的色光照射下，粉红、淡蓝、浅黄等浅色会显得润泽而柔和。

四、简答题

1. 色彩的基本要素有哪些?

2. 色彩的情感作用是什么?

3. 光色与妆色在化妆造型时需要注意哪些方面?

4. 化妆中常用色彩搭配方法有几种? 举例说明。

项目五
矫正化妆

[导读]

在化妆中常用"矫正化妆"来修正不理想的容貌，"矫正化妆"是化妆中的一项重要内容，它是利用人们的"错视"来达到美化容貌、修正不足的目的。

本项目通过学习不同脸型及五官的矫正技巧，提高观察能力，加强对"型"的准确理解与把握，运用各种化妆手段和色彩明暗变化对面部容貌的缺陷加以弥补，对优势得以发挥，最大程度展现个人风貌和魅力，为能够独立完成不同妆型提供最基础的操作技术，同时也为今后能正确表现妆型特点奠定基础。

[项目目标]

☆理解错视法在化妆中的运用，掌握人体头面部骨骼肌肉知识、不同脸型及其对应的五官的特点。

☆掌握不同脸型及其对应的五官的修正技巧。

☆提高审美及创造美的能力。

[关键词]

错视法　矫正化妆

案例引入：杨丽在化妆过程中发现人的容貌各有特点，或多或少存在着不足，如何弥补这些不足使容貌更接近完美，是她非常想知道的问题。在老师的指导下，杨丽学习了人体头面部骨骼肌肉的基本知识，掌握了五官和脸型的特点及矫正技巧。

任务一　人体头面部骨骼与肌肉识别

知识与技能平台

一、头面部骨骼

人体头面部有23块骨，分为脑颅骨和面颅骨（图5-1）。

1. 脑颅骨

脑颅骨共8块。其中，不对称骨4块：枕骨、筛骨、蝶骨、额骨；成对骨4块：顶骨、颞骨各1对。

2. 面颅骨

面颅骨共15块。其中，上颌骨1对，下颌骨1个，腭骨1对，颧骨1对，鼻骨1对，泪骨1对，下鼻甲骨1对，犁骨1片，舌骨1个。

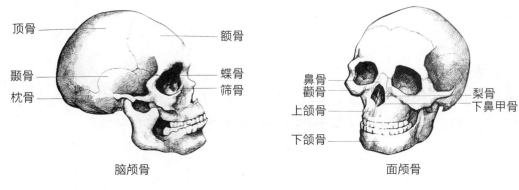

顶骨

颞骨

枕骨

额骨

蝶骨
筛骨

脑颅骨

鼻骨
颧骨

上颌骨

下颌骨

梨骨
下鼻甲骨

面颅骨

▲ 图5-1　头骨

二、头面部肌肉

头面部肌肉（图5-2）分为表情肌和咀嚼肌两类。表情肌位于脸部正面，能牵动皮肤产生不同的表情。咀嚼肌分布在下颌关节周围，能产生咀嚼运动和协助说话。

1．表情肌

表情肌主要分布在额、眼、鼻、嘴周边。包括额肌、皱眉肌、降眉肌、眼轮匝肌、鼻肌、上唇方肌、颧肌、笑肌、口轮匝肌、降口角肌、下唇方肌、颏肌、唇三角肌。

2．咀嚼肌

咀嚼肌附着于上颌骨边缘、下颌角周边，产生咀嚼运动和协助说话。包括颞肌、咬肌。

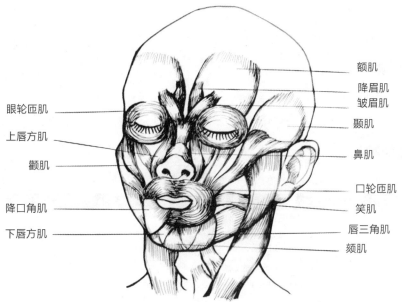

眼轮匝肌

上唇方肌

颧肌

降口角肌

下唇方肌

额肌

降眉肌

皱眉肌

颞肌

鼻肌

口轮匝肌

笑肌

唇三角肌

颏肌

▲ 图5-2　头面部肌肉

一、实训准备

1. 工具：铅笔、素描纸，橡皮，面部骨骼模型，面部肌肉模型，小垃圾筒或小垃圾袋。

2. 场地：教室。

3. 人员：本专业学生。

二、实训内容

绘制面颅骨及肌肉效果图。

请同学们结合以上所学知识，在骨骼模型上正确指出骨骼名称和位置，独立完成绘制面颅骨及肌肉效果图的练习。

1. 清点工具。

2. 固定好素描纸。

3. 用铅笔勾画出人脸倒梯形外轮廓。

4. 用铅笔确定眼眶、鼻骨、上下颌骨、颧骨、梨骨、下鼻甲骨的位置。

5. 用铅笔勾画出脸部正面轮廓。

6. 用铅笔确定表情肌和咀嚼肌的位置。

7. 填写实训检测表。

8. 操作区的清洁和整理。

三、实训检测

实训检测表

评价内容	评价要点	评价等级	自评	小组评	实际等级
操作准备	独立完成操作台的清洁整理；准备素描纸、铅笔、橡皮，排列整齐，保持清洁；个人卫生仪表符合要求	A、B、C			
操作步骤	对照操作标准，正确指出面部骨骼、肌肉名称；独立绘制常用面部骨骼肌肉图	A、B、C			
操作时间	规定时间内完成任务	A、B、C			

评价内容	评价要点	评价等级	自评	小组评	实际等级
操作标准	掌握人面部解剖常识	A、B、C			
总评及教师评价：					

任务评价

人体面部骨骼与肌肉任务评价表

问题			解决方法	
自我评价			等级	
教师评价			等级	

任务二　五官的矫正化妆

知识与技能平台

　　矫正化妆是通过化妆技术来矫正不理想容貌的化妆手法，是化妆中的一项重要内容。矫正化妆是利用人们的"错视"来达到美化容貌、矫正不足的目的。所谓错视是指人们常根据过去的认识和经验，主观地对物体形态进行判别。因此这种判断有时和客观事实不符。

　　如身材较丰满的人穿竖线条的衣服，可使身材显得苗条，因为竖线条会使物体显得修长，而横线条会使物体显得短粗。这种利用线条变化改变物体形态的错视现象也常用于矫正化妆中，如化妆师总是为长脸型的人选择平直眉型，就是通过横线条而使长脸型得到矫正。

一、各眉型的特征与矫正

　　现实中的眉型并不都是理想的标准眉型，而是存在着许多缺陷，大大影响了面部的美观，因此化妆时要进行修正。常见的眉型有标准眉、平直眉、上挑眉、弧形眉、下垂眉型。根据眉在面部的分布与眉毛生长方向与密度等又分为向心眉、离心眉、短粗眉、眉型散乱及眉型残缺等。

1．向心眉

（1）特征。两条眉毛向鼻根处靠拢，其间距小于一只眼睛的长度，向心眉使五官显得紧凑不舒展（图5-3）。

（2）矫正。先将眉头处多余的眉毛除掉，加大两眉间的距离，再用眉笔描画，将眉峰的位置略向后移，眉尾适当加长。

2．离心眉

（1）特征。两眉头间距过远，大于一只眼睛的长度。离心眉使五官显得分散，容易给人留下不太聪明的印象（图5-4）。

（2）矫正。在原眉头前画出一个"人工"眉头。描画时要格外小心，否则会显得生硬不自然。要点是将眉峰略向前移，眉梢不要拉长。

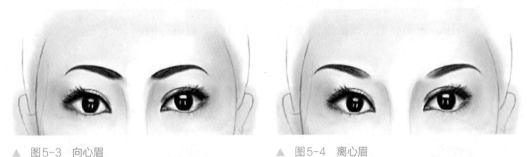

▲ 图5-3　向心眉　　　　　　　　　　▲ 图5-4　离心眉

3．上挑眉

（1）特征。眉头低，眉梢上扬。上挑眉使人显得有精神，但过于挑起的眉则显得不够和蔼可亲（图5-5）。

（2）矫正。将眉头的下方和眉梢上方的眉毛除去。描画时，也要侧重于眉头上方和眉梢下方的描画，这样可以使眉头和眉尾基本在同一水平线上。

▲ 图5-5　上挑眉

4．下垂眉

（1）特征。眉尾低于眉毛的水平线。下垂眉使人显得亲切，但过于下垂会使面容显得忧郁和愁苦（图5-6）。

（2）矫正。去除眉头上面和眉梢下面的眉毛。在眉头下面和眉尾上面的部分要适当补画，使眉头和眉尾在同一水平线上或眉尾高于眉头。

5．短粗眉

（1）特征。眉型短而粗。眉型显得不够生动，有些男性化（图5-7）。

（2）矫正。根据标准眉型的要求将多余部分修掉，然后用眉笔补画缺少的部分。

6．眉型散乱

（1）特征。眉毛生长杂乱，缺乏轮廓感及立体的外部形态，面部五官看上去不够清晰、干净，显得过于随便（图5-8）。

（2）矫正。先按标准眉型的要求将多余的眉毛去掉，在眉毛杂乱的部位涂少量专用胶水，然后用眉梳梳顺，再用眉笔加重眉毛的色调。

7．眉型残缺

（1）特征。由于疤痕或眉毛生长不完整使眉的某一段有残缺（图5-9）。

（2）矫正。先用眉笔在残缺处淡淡描画，再对整条眉进行描画。

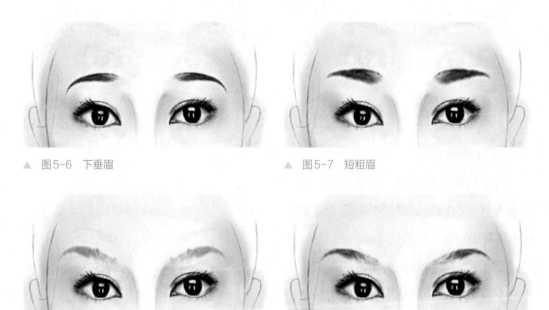

▲ 图5-6　下垂眉　　　　　　　　　　▲ 图5-7　短粗眉

▲ 图5-8　眉型散乱　　　　　　　　　▲ 图5-9　眉型残缺

二、各眼型的特征与矫正

眼型的矫正主要通过眼线和眼影实现，通过描画粗细不同、离睫毛根远近不同的眼

化妆基础

线，来改变眼睛的大小及眼角的上挑和下斜；利用眼影的深浅和描画位置的变化来弥补眼型的缺陷；还可以通过粘贴假睫毛和美目胶带矫正眼型。

1. 两眼距离较近

（1）特征。两眼间的距离小于一只眼的长度，使得面部五官看似较为集中，给人以严肃、紧张甚至不和善的印象（图5-10）。

（2）矫正。

① 眼影。靠近内眼角的眼影用色要浅淡，要突出外眼角眼影的描画，并将眼影向外拉长。

② 眼线。上眼线的眼尾部分要加粗加长，靠近内眼角部分的眼线要细浅；下眼线的内眼角部分不描画。只画整条眼线的1/2或1/3长，靠近外眼角部分加粗加长。

2. 两眼间距较远

（1）特征。两眼间距宽于一只眼的长度，使五官显得分散，面容显得无精打采，松懈迟钝（图5-11）。

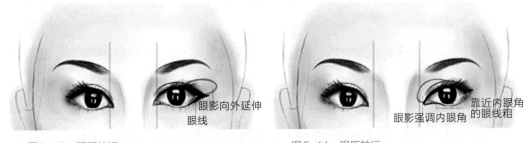

眼影向外延伸
眼线

▲ 图5-10　眼距较近

眼影强调内眼角
靠近内眼角的眼线粗

▲ 图5-11　眼距较远

（2）矫正。

① 眼影。靠近内眼角的眼影是描画的重点，要突出一些，外眼角的眼影要浅淡些，并且不能向外延伸。

② 眼线。上下眼线的内眼角处都略粗一些，外眼角处相对细浅，不宜向外延伸。

3. 吊眼

（1）特征。外眼角明显高于内眼角，眼型呈上升状。目光显得机敏、锐利。使人产生严厉、冷漠的印象（图5-12）。

（2）矫正。

① 眼影。内眼角上侧和外眼角下侧的眼影应突出一些。

② 眼线。描画上眼线时，内眼角略粗，外眼角略细。下眼线的内眼角处要细浅，外眼角处要粗重，并且眼尾处下眼线不与睫毛重合，要在睫毛根部的下侧描画。

4. 下垂眼

（1）特征。外眼角明显低于内眼角，眼型呈下垂状。使面容显得和善，平静，如果下垂明显，使人显得呆板、无神和衰老（图5-13）。

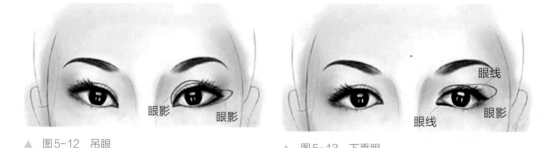

▲ 图5-12　吊眼　　　　　　　　　　　▲ 图5-13　下垂眼

（2）矫正。

① 眼影。内眼角的眼影颜色要暗，面积要小，位置要低，外眼角的眼影色彩要突出，并向上晕染。

② 眼线。上眼线的内眼角处要细浅些，外眼角处要宽，眼尾部的眼线要在睫毛的上侧画。下眼线内眼角略粗，外眼角略细。

5. 细长眼

（1）特征。眼睛细长会有眯眼的感觉，使整个面部缺乏神采（图5-14）。

（2）矫正。

① 眼影。上眼睑的眼影与睫毛根之间有一些空隙，下眼睑眼影从睫毛根下侧向下晕染宽些。眼影宜选用偏暖色。

② 眼线。上下眼线的中间部位略宽，两侧眼角画细些，不宜向外延长。

6. 圆眼睛

（1）特征。内眼角与外眼角的间距小，使人显得机灵（图5-15）。

（2）矫正。

① 眼影。上眼睑的内、外眼角的色彩要突出，并向外晕染，上眼睑中部不宜使用亮色。下眼睑的外眼角处的眼影用色要突出并向外晕染。

② 眼线。上眼线的内、外眼角处略粗，中部平而细。下眼线只画1/2长，靠近内

　　　化妆基础

▲ 图5-14 细长眼　　　　　　　　　　▲ 图5-15 圆眼

眼角不画，外眼角处眼线略粗。

7．小眼睛

（1）特征。眼裂较窄，使人显得不宽厚（图5-16）。

（2）矫正。

① 眼影。多用单色眼影进行修饰。眼影的颜色一般使用具有收敛性的棕色、

▲ 图5-16 小眼

灰色、褐色、土黄色等，由睫毛根部向上方晕染并逐渐消失。

② 眼线。外眼角处的上、下眼线略粗并呈水平状向外延伸。

8．肿眼

（1）特征。上眼皮的脂肪层较厚或眼皮内含水分较多，使人显得松懈没精神（图5-17）。

（2）矫正。

① 眼影。颜色不宜选用粉色系，适合用暗色，从睫毛根部向上晕染并逐渐淡化。靠近外眼角的眼眶上涂半圈亮色，使眼周的骨骼突出，从而减弱上眼皮的厚重感。

下眼线的画法

② 眼线。上眼线的内外眼角处略宽，眼尾略上扬，眼睛中部的眼线细而直，尽量减少弧度。下眼线的眼尾略粗，内眼角略细。

9．眼袋较重

（1）特征。下眼睑下垂，脂肪堆积。使人显得苍老，缺少生气（图5-18）。

（2）矫正。

① 眼影。眼影色宜柔和浅淡，不宜过分强调，一般选用咖啡色和米色。

② 眼线。上眼线的内眼角处略细，眼尾略宽。下眼线要浅淡或不画。

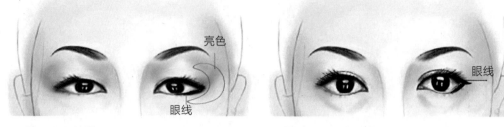

亮色

眼线

▲ 图5-17　肿眼

眼线

▲ 图5-18　眼袋较重

三、各鼻型的特征与矫正

鼻型的化妆矫正主要通过鼻侧影和亮色的涂抹来实现。对于不同的鼻型，鼻侧影和亮色的使用也有所不同。

1. 塌鼻梁

（1）特征。鼻梁低平，面部凹凸层次严重失调（图5-19），使面部显得呆板，缺乏立体感和层次感。

（2）矫正。鼻侧影上端与眉毛衔接，在眼窝处颜色较深，向下逐渐淡画。在鼻梁上较凹陷的部位及鼻尖处涂亮色，但面积不宜过大。

2. 鼻较短

（1）特征。鼻子长度小于面部长度的1/3，即"三庭"中的中庭过短（图5-20）。鼻子较短会使五官显得集中，同时鼻体易显宽。

（2）矫正。鼻侧影上端与眉毛衔接，下端直到鼻尖。鼻侧影的面积应略宽。亮色从鼻根处一直涂抹到鼻尖处，要细而长。

3. 鼻较长

（1）特征。鼻子的长度大于面部长度的1/3，也就是中庭过长（图5-21）。鼻子过长使鼻型显细，脸型显得更长而生硬，不柔和。

（2）矫正。鼻侧影从内眼角旁的鼻梁两侧开始，到鼻翼的上方结束，鼻尖涂影色。鼻梁上的亮色要宽一些。但不要在整个鼻梁上涂抹，只需涂抹鼻中部。

4. 鹰钩鼻

（1）特征。鼻根较高，鼻梁上端窄而突起，鼻头较尖并弯曲呈钩状，鼻中隔后缩，面容缺乏柔和感，显得较为冷酷（图5-22）。

（2）矫正。鼻侧影从内眼角旁的鼻梁两侧开始到鼻中部结束，鼻尖部涂影色。鼻根部及鼻尖上侧涂亮色，鼻中部凸起处不涂亮色。

5．宽鼻

（1）特征。鼻翼的宽度超过面宽的1/5，面部缺少秀气的感觉（图5-23）。

（2）矫正。鼻侧影涂抹的位置与短鼻相同。鼻尖部涂亮色，用明暗色对比加强鼻尖和鼻翼之间的反差，使鼻子显得窄些。

6．鼻梁不正

（1）特征。鼻梁向一侧倾斜，使面部五官的比例失调（图5-24）。

（2）矫正。鼻梁歪向哪一侧，哪一侧的鼻侧影就要略浅于另一侧。亮色在脸部的中心线上。

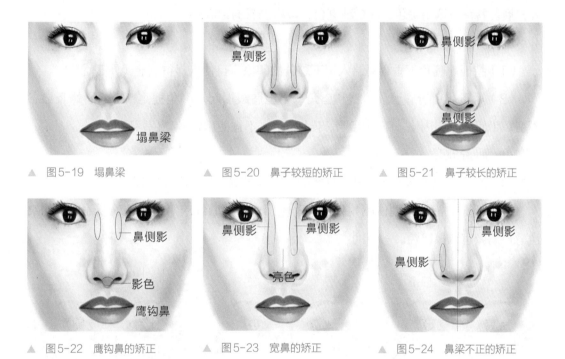

▲ 图5-19　塌鼻梁　　　　　▲ 图5-20　鼻子较短的矫正　　　　　▲ 图5-21　鼻子较长的矫正

▲ 图5-22　鹰钩鼻的矫正　　　　　▲ 图5-23　宽鼻的矫正　　　　　▲ 图5-24　鼻梁不正的矫正

四、各唇型的特征与矫正

唇型的修饰包括描画唇线和涂抹唇膏两个部分。唇型矫正前，应使用与基色相近且遮盖力较强的粉底将原唇的轮廓进行遮盖，然后用蜜粉固定，再进行修饰，以使矫正后的唇型效果自然。

1. 唇过厚

（1）特征。嘴唇过厚分上唇较厚、下唇较厚及上下唇均厚几种（图5-25）。嘴唇过厚使面容显得不秀气。

（2）矫正。保持唇原有的长度，再用唇线笔沿原轮廓内侧描画唇线。唇膏色宜选用深色或冷色以增强收敛效果，避免使用鲜红色、粉色和亮色。

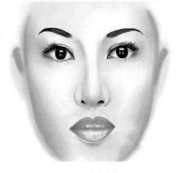

▲ 图5-25 厚唇的矫正

2. 唇过薄

（1）特征。嘴唇过薄分上唇较薄、下唇较薄及上下唇均薄几种（图5-26）。嘴唇过薄使唇缺乏丰润的曲线，面容显得不够开朗或给人刻薄的感觉。

（2）矫正。在唇周涂浅色粉底，增加唇部轮廓的饱满度，再用唇线笔沿原轮廓向外扩展。唇膏可选用暖色、浅色或亮色，以增加唇的饱满感。

3. 唇角下垂

（1）特征。嘴角下垂容易给人留下愁苦的印象，且使人显得苍老（图5-27）。

（2）矫正。用粉底遮盖唇线和唇角，将上唇线提起，嘴角提高，上唇唇峰及唇谷不变，下唇线略向内移。下唇色要深于上唇色，不宜使用较多亮色唇膏。

4. 嘴唇凸起

（1）特征。上下唇凸出会产生外翻的感觉，影响唇的美感（图5-28）。

（2）矫正。沿原唇型的嘴角外侧勾画轮廓，上下唇线应平直一些，以缩减唇的突出感。唇膏宜选择暗色。

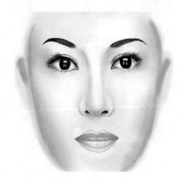

▲ 图5-26 薄唇的矫正

▲ 图5-27 嘴角下垂的矫正

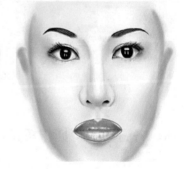

▲ 图5-28 嘴唇凸起的矫正

5. 唇平直

（1）特征。唇峰、唇谷等曲线不明显，唇型的轮廓感不强。这样的唇型缺乏表现力，使面部不生动（图5-29）。

（2）矫正。按标准唇型的要求勾画唇线，然后再涂唇膏。

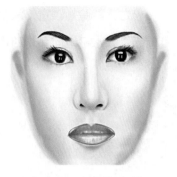

▲ 图5-29 嘴唇平直的矫正

五、各面颊特征与矫正

腮红可以用来修整和强调脸的轮廓，这是女性化妆的一个重要步骤。涂腮红的方法、部位和形状不同，都会影响面部轮廓。还要根据不同的面颊特征，选择不同的胭脂与腮红涂抹方式。

1. 颧骨高

（1）特征。脸部立体感强，富于变化，意志刚强，但看上去冷淡、严肃。

（2）矫正。沿颧骨下侧加影色，沿颧骨上侧加亮色，当中涂胭脂。

2. 丰满

（1）特征。脸显得大而臃肿。

（2）矫正。在面颊外侧加纵长阴影，从下眼睑到鬓角加亮色，从面颊当中起，在外侧加纵长状胭脂。

3. 单薄

（1）特征。清秀文雅，但由于面颊清瘦，感觉苍老而软弱。

（2）矫正。在面颊中心加亮色，外侧涂抹胭脂。

4. 突出

（1）特征。面颊突出。

（2）矫正。在突出的面颊上涂抹发暗的胭脂，使面颊显低，在下眼睑凹陷处加亮色。

5. 敦厚

（1）特征。显得可爱，生机勃勃，但看上去有孩子气。

（2）矫正。在面颊敦实的位置上用暗色的胭脂，从下眼睑到面颊中央加亮色。

总之，若脸颊较宽，涂胭脂时，从颧骨四周起笔，斜向外上方轻抹；脸颊较窄，从耳前起笔，水平地向颧骨四周横涂。

实训平台

不标准五官的矫正训练

请同学们结合以上所学知识，小组合作，完成练习：① 分析化妆对象的面部五官特征，填写任务书，根据化妆对象的五官特点进行矫正化妆练习。② 完成化妆任务书，并参照化妆评价表完成化妆评价（矫正化妆练习中，可以尝试不同的化妆对象和目的，通过反复多次的训练，熟练掌握化妆矫正技法）。

一、实训准备

1. 工具：全套化妆用品及工具。

2. 场地：实训教室。

3. 人员：全体学生。

二、实训内容

1. 清点化妆用品和化妆工具。

2. 消毒工作。

3. 所用化妆用品和化妆工具的摆台，灯光的准备。

4. 化妆师消毒双手后为化妆对象做皮肤清洁和护理前的准备工作（如帮助化妆对象穿护衣、束发或包头、清洁和护理皮肤）。

5. 判断分析五官特征，根据特征同标准五官做对比。

6. 根据对比结果运用矫正化妆技巧进行矫正化妆操作。

7. 完成矫正化妆操作体验，填写实训检测表。

8. 卸妆。

9. 清洁整理操作区，关闭电源。

三、实训检测

实训检测表

评价内容		评价要点	评价等级	自评	小组评	实际等级
操作准备		独立完成工作台的清洁整理，正确选择和使用光源；正确选择美容化妆品，工具摆放整齐，美容化妆工具保持清洁；个人卫生仪表符合工作要求	A、B、C			
操作步骤		独立对照操作标准，运用准确的技法，按照规范的操作步骤完成实际操作	A、B、C			
操作时间		规定时间内完成任务	A、B、C			
操作标准	眉	特征判断准确；能根据脸型及眉型特点因人而异地进行眉毛的矫正；能根据发色、肤色正确选择眉色，描画的眉型立体感强；虚实相应，左右对称	A、B、C			
	眼	特征判断准确，并根据脸型及眼部特征运用色彩明暗变化和线条准确矫正眼型；眼影色晕染过渡自然，修饰效果明显，眼线流畅清晰；左右眼型对称，下眼睑保持干净	A、B、C			
	鼻	特征判断准确，并能根据妆型正确运用矫正技巧，鼻侧影、鼻亮色位置正确，范围大小符合脸型、鼻型特征；晕染过渡自然，没有色块，与眼影色相协调；修饰效果明显	A、B、C			
	唇	特征判断准确，并能根据脸型、自身唇型特点正确运用矫正技巧，唇线勾画流畅，无外溢；涂抹均匀，两边对称；并能通过色彩的深浅变化画出立体丰满的唇形。与眼影色、腮红色相协调，矫正效果自然生动	A、B、C			
	面颊	特征判断准确并能根据妆型及面颊特点进行矫正，腮红位置正确，范围大小符合脸型特征；晕染过渡均匀，没有色块，面部轮廓有很好的修饰效果	A、B、C			
总评及教师评价：						

任务评价

五官的矫正化妆任务评价表

问题	解决方法

化妆对象的评价	喜欢〇		一般〇		不喜欢〇	
自我评价					等级	
教师评价					等级	

　　自古以来，椭圆的脸型和比例匀称的五官一直被认为是理想的标准。椭圆脸型的长度和宽度是由面部五官的比例结构所决定的。面部五官的比例一般以"三庭五眼"为标准，"三庭五眼"是对脸型精辟的概括，对面容化妆有重要的参考价值。

　　所谓"三庭"，是指脸的长度，即由前发际线到下颏分为三等份，故称"三庭"。"上庭"是指前发际线至鼻根，"中庭"是从鼻根到鼻底；"下庭"是从鼻底到下颏，它们各占脸部长度的1/3（图5-30）。所谓"五眼"，是指脸的宽度。以眼睛长度为一个单位，把面部的宽分为五等份。两眼的内眼角之间的距离应是一只眼的长度，两眼的外眼角延伸到耳孔的距离又是一只眼的长度（图5-31）。事实证明，"三庭五眼"的比例完全适合我国人体面部五官外形的比例。

　　从"三庭五眼"的比例标准可以得出以下结论：

　　（1）"三庭"决定着脸的长度，其中鼻子的长度占脸部总长度的1/3。

　　（2）"五眼"决定着脸的宽度，两眼之间是一只眼的距离。

　　（3）眉头、内眼角和鼻翼应基本在同一垂直线上。

　　化妆造型是形和色的完美结合。形是表现立体效果的主要方式，对"形"熟悉清晰了，才有可能透彻地观察出人物的特征和差异，如体型、头型、脸型、五官型的特征以及各部位的组合关系，不同的形和不同的比例便产生出不同的形象特点，也就有了相应的化妆方法。不会观察型，便不能正确地判定化妆对象的特点，也就谈不上因人而异地化妆了。

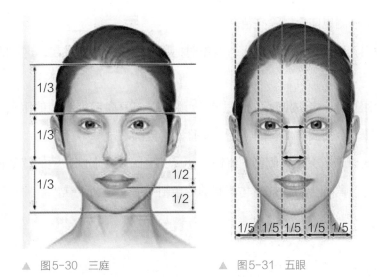

▲ 图5-30 三庭　　　　　　　　　　　▲ 图5-31 五眼

　　脸型的修正主要通过粉底、腮红和对眉、眼睛和唇等的特别修饰，以改变脸型的不足。下面将详细介绍几种有典型意义的脸型的特征。

一、圆脸型

1. 特征

　　脸型圆润丰满，额角及下颌偏圆。圆脸型给人的感觉是年轻而有朝气，但容易显得稚气，缺乏成熟的魅力（图5-32）。

2. 矫正

（1）涂粉底。用影色涂于两腮，亮色涂于额中部并一直延伸至鼻梁上，在下眼睑

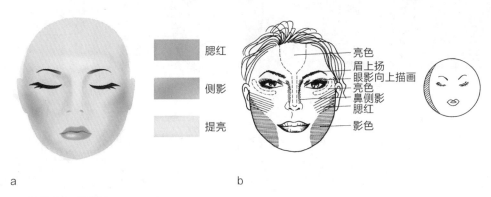

a　　　　　　　　　　　　　　　　b

▲ 图5-32　圆脸型

外侧至外眼角外侧也向上斜涂亮色。

（2）画眉。眉毛适宜画得微吊，修整时把眉头压低，眉梢挑起，这样的眉型使脸型显长些。

（3）涂眼影。靠近内眼角的眼影色应重点强调，靠近外眼角的眼影应向上描画，不宜向外延伸，否则会增加脸的宽度，使脸显得更圆。

（4）鼻的修饰。突出鼻侧影的修饰，使鼻子挺阔以减弱圆脸型的宽度感。

（5）腮红。斜向上方涂抹，与两腮的影色衔接好，过渡要自然。

二、方脸型

1. 特征

方脸型的人有宽阔的前额和方形的颌骨，脸的长度和宽度相近。给人的印象是稳重、坚强，但缺少女性温柔的气质（图5-33）。

2. 矫正

（1）涂粉底。将影色涂于两腮和额头两侧，在眼睛的外侧下方涂亮色。

（2）腮红。在颧骨处呈三角形晕染，腮红的位置略靠上。

其他部位的修饰与圆脸型相同。

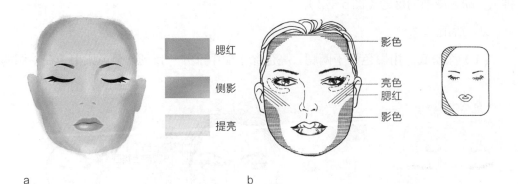

a   b

▲ 图5-33　方脸型

化妆基础

三、长脸型

1. 特征

脸型纵向感突出，给人抑郁生硬的感觉，面部缺乏柔和感（图5-34）。

2. 矫正

（1）涂粉底。在前额发际线处和下颌部涂影色，削弱脸型的长度感。

（2）画眉。适合画平直的眉，眉尾可略长，这样可加强面部的宽度感。

（3）涂眼影。眼影要涂得横长，着重在外眼角用色并向外延伸，这样使脸显得短一些。

（4）鼻的修饰。鼻侧影要尽量浅淡或不画。

（5）腮红。在颧骨略向下的位置作横向晕染。

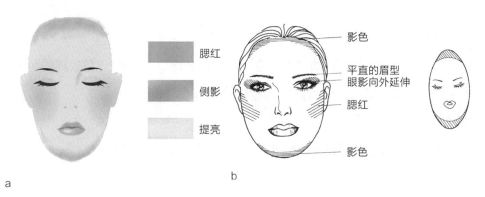

腮红
侧影
提亮

影色
平直的眉型
眼影向外延伸
腮红
影色

a
b

▲ 图5-34　长脸型

四、正三角脸型

1. 特征

脸型上窄下宽，因此又称"梨形脸"，给人以安定感，显得富态、威严，但不够生动（图5-35）。

2. 矫正

（1）涂粉底。用影色涂两腮，亮色涂额中部和鼻梁上半部及外眼角上下部位。

（2）画眉。适合平直些的眉型，眉应长些。

（3）涂眼影。眼影的涂抹方法与圆脸型和方脸型相同。

（4）腮红。在颧骨外侧纵向晕染。

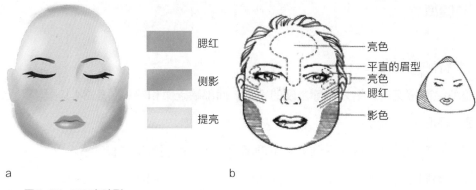

a   b

▲ 图5-35　正三角脸型

五、倒三角脸型

1．特征

倒三角脸型就是人们常说的"瓜子脸"或"心形脸"，它的特点是较阔的前额和稍尖的下颏。给人以俏丽、秀气的印象，但显得单薄柔弱（图5-36）。

2．矫正

（1）涂粉底。在前额两侧和下颏涂影色，在下颌骨部位涂浅亮色。

（2）画眉。适合弯眉，眉头略重。

（3）涂眼影。眼影的描画重点在内眼角处。

（4）腮红。在外眼角水平线和鼻底线之间，横向晕染。

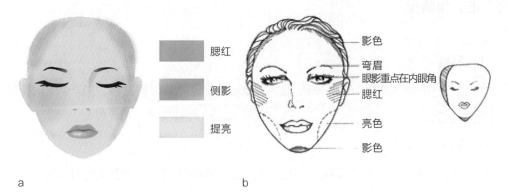

a   b

▲ 图5-36　倒三角脸型

　　化妆基础

六、菱形脸型

1．特征

上额角过窄，颧骨突出，下颏过尖。菱形脸型的人显得机敏、精明，但容易给人留下冷淡、清高的印象（图5-37）。

2．矫正

（1）涂粉底。在颧骨旁和下颏处涂影色，在上额角和两腮涂亮色。

（2）画眉。适合平直的眉毛。

（3）涂眼影。眼影色向外眼角外侧延伸，色调柔和。

（4）腮红。比面颊两侧的影色略高，并与影色部分重合。

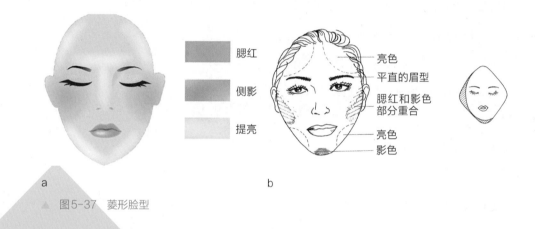

腮红

侧影

提亮

亮色

平直的眉型

腮红和影色部分重合

亮色

影色

a

b

▲ 图5-37　菱形脸型

实训平台

不标准脸型的矫正训练

请同学们结合以上所学知识，小组合作，完成练习：

（1）分析化妆对象的脸型特征，填写任务书，根据化妆对象的脸型特点和化妆目的，进行矫正化妆练习。

（2）完成化妆任务书，并参照化妆评价表完成化妆评价（脸型矫正练习中，可以尝试不同的化妆对象和目的，通过反复多次的训练，熟练掌握脸型矫正技法）。

一、实训准备

1. 工具：化妆用品和化妆工具、清洁和护肤产品、垫纸、消毒酒精、热水、包头毛巾、一次性毛巾、取物小碟、棉签、化妆棉、面巾纸、湿纸巾、小垃圾筒或小垃圾袋。

2. 场地：本专业实训教室。

3. 人员：本专业学生。

二、实训内容

1. 清点化妆用品和化妆工具。

2. 消毒工作。

3. 所用化妆用品和化妆工具的摆台，灯光的准备。

4. 化妆师消毒双手后为化妆对象做皮肤清洁和护理前的准备工作（如帮助化妆对象穿护衣、束发或包头、清洁和护理皮肤）。

5. 判断分析脸型特征，根据特征同标准脸型做对比。

6. 根据对比结果运用矫正技巧进行矫正化妆操作。

7. 完成化妆操作体验，填写实训检测表。

8. 卸妆。

9. 清洁整理操作区，关闭电源。

三、实训检测

实训检测表

评价内容	评价要点	评价等级	自评	小组评	实际等级
操作准备	独立完成工作台的清洁整理，正确选择和使用光源；正确选择美容化妆品，工具整齐陈列；化妆工具保持清洁；个人卫生仪表符合工作要求	A、B、C			
操作步骤	对照操作标准，按照规范的操作步骤独立完成实际操作	A、B、C			
操作时间	规定时间内完成任务	A、B、C			
操作标准	独立、准确判断脸型种类；脸型矫正位置正确；修饰手法娴熟；明暗层次变化自然；各部位衔接无明显界限；能够根据模特的脸型特征因人而异的进行矫正，矫正效果明显	A、B、C			
总评及教师评价：					

脸型的种类及矫正化妆任务评价表

问题		解决方法	
化妆对象的评价	喜欢〇	一般〇	不喜欢〇
自我评价		等级	
教师评价		等级	

综合训练

一、填空题

1. 所谓"三庭"是指脸的_____，即由_____到_____分为三等份，故称"三庭"。

2. "上庭"是指前发际线至_____；"中庭"是从_____到鼻底；"下庭"是从鼻底到_____，它们各占脸部长度的1/3。

3. 化妆造型是_____和_____的完美结合，_____是表现面部立体效果的主要方式。

4. 圆脸型的特征是：面型圆润丰满_____及_____偏圆。圆脸型给人的感觉是年轻而有朝气，但容易显得_____。

5. _____脸型在涂抹腮红时，应在颧骨略向下的位置做横向晕染。

6. _____脸型在涂粉底时，应在颧骨旁和下颌处涂影色，在上额角和两腮涂亮色。

二、单项选择题

1. 方脸型适合（　　）眉型。

A. 平直眉   B. 上扬眉   C. 弧形眉   D. 下垂眉

2. 圆脸型用影色涂于（　　）。

A. 两腮   B. 下颌   C. 两腮及两额角   D. 颧骨

3. 方脸型的腮红应（　　）晕染。

A. 在颧骨略向下的位置作横向晕染　　　　B. 在颧骨处呈三角形晕染

C. 在颧骨外侧纵向晕染　　　　　　　　　D. 斜向上方晕染

4. 菱形脸型的特征（　　）。

A. 脸型上窄下宽　　　　　　　　　　　　B. 脸型纵向感突出

C. 上额角过窄，颧骨突出，下颏过尖　　　D. 面型圆润丰满，额角及下颏偏圆

5. 倒三角脸型眼影的描画重点在（　　）。

A. 外眼角处　　　　　　　　　　　　　　B. 内眼角处

C. 外眼角并向外延伸　　　　　　　　　　D. 眼睛中间

三、判断题

1.（　　）脸型的修正主要通过粉底、腮红和对眉、眼睛和唇等的特别修饰，以改变脸型的不足。

2.（　　）不同的形和不同的比例便产生出不同的形象特点，也就有了相应的化妆方法。

3.（　　）方脸型的特征：脸型纵向感突出，给人抑郁生硬的感觉，面部缺乏柔和感。

4.（　　）长脸型涂眼影时，靠近内眼角的眼影色应重点强调，靠近外眼角的眼影应向上描画。

5.（　　）正三角脸型上额角过窄，颧骨突出，下颏过尖。

6.（　　）长脸型画眉时适宜画得微吊，修整时把眉头压低，眉梢挑起，不宜向外延伸。

7.（　　）圆脸型适合高挑的弧形眉。

8.（　　）长脸型的鼻侧影晕染上下不宜过长。

四、简答题

1. 什么是矫正化妆？

2. 试述面部结构的比例。

3. 菱形脸的特征及修饰要点。

4. 圆脸型的特征及修饰要点。

5. 长脸型的特征及修饰要点。

6. 请为圆脸型、长脸型和三角脸型的人分别设计适合的眉型。

项目六

不同妆型的特点与化妆技巧

[导读]

　　在日常生活中，我们会根据时间、场合等不同因素为自己化不同类型的妆容，也会根据服装与配饰搭配妆容色彩。本项目通过学习淡妆、浓妆以及冷、暖妆容的相关知识与操作技巧，能做到根据不同时间、场合等因素应用恰当的化妆技法。

[项目目标]

　　☆知识：了解日常生活中不同妆容的特点、色彩、产品选择。

　　☆技能：掌握不同妆容的特点化妆步骤以及技巧，能正确表现妆容特点。

　　☆情感：增强沟通与相互合作的能力，提高审美，提升自我形象增强自信心。

[关键词]

　　淡妆　浓妆　暖妆　冷妆

案例引入：杨丽高中的同学今天结婚，杨丽受邀参加中午的户外婚礼，为了能以恰当的妆容参加婚宴，杨丽开始给自己化妆。

任务一　淡妆

知识与技能平台

随着近年来社会发展，人们越来越重视自己的形象，在工作或参加约会、宴请时都会给自己化个美丽动人的妆容，同时由于穿着的不同要求妆容也会随之变化，这样既可以美化自己增加自信心，同时也是对别人的一种尊重。

一、淡妆的特点

淡妆适用于日常的工作和生活，在自然的光线环境中，在与人面对面近距离地交流和接触时，所以在对面部进行淡妆修饰时，不能暴露明显的痕迹，否则会显得刻意而不真实。淡妆的用色明度较高，而纯度较低，色彩对比不强烈，是让人比较易于接受的自然妆型（图6-1）。

淡妆的用途广泛，以下情况适合淡妆：休闲活动，约会，面试，商务接待，顾客接待。淡妆适合办公室白领，也适合餐厅服务员。无论是年轻人还是老年人，利用这种强调自然的化妆方式，都可以洋溢出自然青春的光彩。常见的淡妆妆容类型有裸妆、职业妆等。作为现代女性，日常生活中化淡妆可以表现对他人的尊重，也是一种社交礼仪。

▲ 图6-1　淡妆的自然妆型

二、淡妆中彩妆产品的选择

1. 粉底、遮瑕、修饰肤色类产品

淡妆显现出的特点要求在选择粉底、遮瑕、修饰类产品的时候应选用具有透明感、质地轻薄的产品，以突出皮肤自然、干净、通透的美感。不可选择质地厚腻、粉质过厚、遮盖性过强的产品，这样的产品会显得皮肤厚实，不够自然。在日常生活中常用的淡妆粉底、遮瑕、修饰肤色类产品有修颜液（乳）、带有粉底修饰的隔离霜、气垫粉底、粉底液。

提示：如果肤色偏黄，可涂抹紫色的肤色修颜液（乳）；如果肤色偏红，可使用偏绿的肤色修颜液（乳）；若肤色比较正常，则可以使用接近肤色的米色修颜液（乳）。一般情况下，我们会选用比自己肤色亮一个度的产品。

2. 眼影、腮红、唇膏有色类产品

由于淡妆的特点，在选择有色的彩妆产品时需要特别注意以下几点。

（1）产品质地

在选择眼影、腮红、唇部有色类产品时要注意产品的质地，不恰当的产品质地会破坏妆面效果以及整体造型。

在选择眼影时要注意不能选择眼影中珠光的含量很高的产品，因用珠光含量高的眼影，眼妆会显得比较突兀，与整体妆面不符。而不含珠光的亚光眼影看上去又没有质感，最适合淡妆的眼影质地是带有微量珠光含量的眼影。

腮红最好选择膏状质地的，膏状腮红可以更服帖、更自然；其次是粉状腮红，粉状腮红比较容易掌握运用；最后是液体腮红，液体腮红与膏状腮红使用时会有一定难度，使用不恰当会晕染不均匀，显得不自然。

选择唇部产品时多选择膏状唇膏、液体唇彩等。

（2）色彩

化淡妆时首先要记住：淡妆的颜色是浅的，而不是深的；颜色纯度比较低、明度比较高的色彩最适合用于淡妆。

选择淡妆眼影的色彩时，一般会选择大地色系的颜色，这个系列的颜色指的是棕色、米色、卡其色这些大自然、大地的颜色。这类颜色非常适合亚洲人偏暗淡的肤色。大地色系眼影适合东方人的眼形，使用之后，可令眼睛变大；同时也适合初学化妆者，在实际使用时这类眼影比其他色系的眼影更容易掌握。季节方面，虽然一年四季都可使用这个颜色，但是由于颜色偏深，建议秋冬季节使用。除大地色系外，在选择其他有色系的颜色时，要选择色彩的纯度较低、明度较高的颜色。

选择淡妆的腮红时一般选用珊瑚色系，如桃红色、粉红色、橘色。如果希望气色更加红润，可以选用一个偏粉色系的珊瑚色；如果肤色偏黄，可以选用偏粉红色的修饰肤色；如果想瘦脸、修饰轮廓，脸型更立体，那么用偏橘色的，因为这个颜色比较贴合皮肤，不会过于红润。

选择淡妆口红的颜色时，一定要根据自己的肤色以及年龄来选择。年纪轻的人选唇彩颜色可以是偏红一点，或者类似于糖果的颜色。皮肤白皙的人什么颜色的口红都可以，也可以选粉色系的。皮肤暗或者偏黄的人，应该选择素雅一点的，可以是接近唇色的，也可以选橙色系。年龄大的人，选唇膏不要太艳丽，但是唇膏里边要偏红一点，因为那样看上去显年轻。日常常用的淡妆口红色有：淡粉红色、淡玫瑰红、淡棕色、橘红色、果冻透明淡粉色。

提示：如果眼皮比较肿，应该选择感光度高的冷色系亚光眼影，眼部分水肿的人用珠光眼影会让眼皮显得更加肿。

眉、眼线及睫毛膏常用色：眉用棕色，深灰色；眼线与睫毛膏使用黑色或棕色，或与妆型特点相符合的颜色，不宜使用蓝色、绿色等比较跳跃的个性颜色。

三、淡妆的化妆方法

淡妆的操作要突出妆面的自然柔和，操作程序要符合妆型特点。淡妆的表现范围广，根据化妆的不同目的和表现环境，可以进行面部的整体化妆或是局部修饰。

淡妆妆面中裸妆是较常用的一种妆面。裸妆给人的第一印象是化了妆但是看起来仿佛没有化过妆一样。在妆面上看不到丝毫着妆的痕迹，却看起来比平日精致了许多。化妆的一般程序如图6-2。

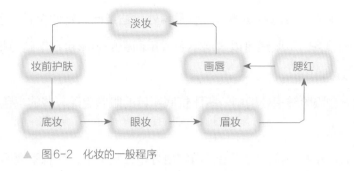

▲ 图6-2 化妆的一般程序

1. 妆前护肤

在上妆前使用补水乳液（霜）或者补水精华，这可以让皮肤保持水润的状态且可抚平细小的肌纹，使肌肤迅速达到饱满光滑的状态，有助于妆面带妆的持久性与上妆的服帖度。

这一步骤是整个妆面的重点，均匀肤色的目的是纠正那些看起来不匀称的肤色和遮盖些许斑点，让肤色健康匀称。

2. 底妆

使用与肤色的颜色相接近的粉底霜均匀涂抹，使肤质细腻光滑，色泽自然。粉底霜的使用量要少，稍薄的粉底霜可以使面部的皮肤显得透明，但是在涂抹时要注意面部与颈部颜色的统一，定妆时蜜粉的用量也要少，以保持肤色清淡透明的效果。在看起来有些暗沉的部位可涂抹一些乳霜质地的遮瑕

底妆

产品，比如内眼角，然后慢慢晕开到下眼线的部位。在其他需要遮瑕的地方用亚光遮瑕膏点少许，然后均匀抹开就可以了。切记一定只能刷薄薄的一层，如果过厚反而突兀，让皮肤看上去不自然。将少量高光产品均匀地涂抹于颧骨和眉骨之间的区域，这样使用能够有效反射光线，从而增添脸部的层次感，使得脸部更显立体精致。

提示：如果选择的乳液（霜）没有防紫外线功效，就要额外使用隔离防晒霜。这一条一定要牢记，无论晴天阴天，无论春夏秋冬。

3. 眼妆

用化妆刷蘸一些微微发亮的米色眼影，从眼线处至整个眼窝轻轻涂匀，然后再把需要展现颜色的眼影进行小范围晕染（图6-3）。

画眼线时眼线笔一定要紧贴睫毛根部（图6-4）。可用一只手在上眼睑处轻推，使上睫毛根充分暴露出来，画出细细一条眼线，眼线不能画得太实，

眼妆1

否则会显出化妆痕迹，若隐若现即可。后眼角处可适当向后延伸拉长，可以提亮眼神。上眼线画得纤细整齐，下眼线可以省略不画或用同色的眼影粉在下睫毛根部轻轻晕染，以强调眼睛清澈透明。

在眼线附近和眼睑皱褶处稍刷一些比打底所用的眼影更深一些的褐色眼影，这能使双眼看起来更具立体感。

刷睫毛膏时，左右横拉，把睫毛膏均匀地分布在睫毛上，注意不要刷太多，否则容易堆积打结，等第一遍刷完晾干后，可以再刷一遍，这样睫毛就会显得浓密了，下睫毛可以少刷些，与上睫毛有呼应。涂刷睫毛膏应均匀细致，能避免下眼睑晕乱、变花。如果睫毛比较稀疏，可以用手工假睫毛进行修饰。选择自然逼真的手工假睫毛涂抹睫毛专业胶水后，贴着眼线根部进行粘贴，粘贴后再用睫毛夹把真假睫毛一起夹卷翘，再涂抹睫毛膏使真假睫毛融为一体。

4．眉妆

眉型对脸型的调整与矫正起着关键作用。要根据脸型的特点来选择最适合的眉型，再用深灰或深咖啡等与发色接近的颜色描画眉毛。在描画眉毛时候一定要一根一根按照眉毛生长的方向进行描画（图6-5）；再注意眉毛的虚实关系，这样描画出来的眉毛自然逼真。如果有时间可以用透明的眉胶来整理一下眉毛，这会使眼部更为明亮，眉毛会变得清爽有型，同时还能凸显眼睛轮廓。

提示：除非是化妆高手，否则不要轻易使用眼线液，因为弄得不好反有生硬感。

▲ 图6-3 画眼影　　　　▲ 图6-4 画眼线　　　　▲ 图6-5 修饰眉毛

5. 腮红

腮红不仅可以给脸部润色，使妆容看起来更为生动，而且还有修饰脸型、增强脸部立体感的作用。在使用腮红的时候不能随便地扫几下了事，在扫腮红的时候应把腮红的重点放在脸部内轮廓线上，再根据内轮廓线上的腮红向周围晕染扩散，达到使脸型立体化的效果。如果不熟悉脸部内轮廓线，可以在人微笑时两颊鼓起的位置扫上腮红。

6. 画唇

用透明唇彩恰到好处地润色双唇，色彩要柔和，这样双唇才不会过分抢眼；如果是涂抹唇膏，等唇膏涂完后用纸巾吸去嘴唇上的油脂，使唇色自然服帖，妆色清淡柔和，似若有若无，效果出奇的好。

进行局部修饰的淡妆只是对面部的某个部位进行化妆，而不是进行完整的化妆操作。例如五官条件较好，只是肤色显得不健康。则可使用遮瑕膏掩盖皮肤色泽的缺陷，再薄薄地涂些粉底霜，使肤色整体统一，这样肤色便会显得自然健康。再涂少许唇膏，其他部位可不进行修饰。如果是眼睛缺乏神采，可对眼睛进行修饰，粉底和腮红等便可以省略不画，这样表现的是一种简约的美。进行局部修饰的淡妆更为真实，自然。在化妆的过程中要针对五官的特点，扬长避短，这样化妆既节省时间又使人神采奕奕。

实训平台

一、实训准备

1. 工具：粉底、定妆粉、眉笔、眉粉、眼影、腮红、口红、唇彩、化妆棉、睫毛夹、化妆套刷。

2. 场地：本专业实训教室。

3. 人员：本专业学生。

二、实训内容

请同学结合以上所学知识通过小组合作的形式，根据化妆步骤以及淡妆要求，为同学化一个淡妆，并填写实训检测表。

三、实训检测

实训检测表

评价内容	评价要点	评价等级	自评	小组评	实际等级
操作准备	独立完成化妆工作台的清洁整理，正确选择和使用光源；正确选择淡妆化妆品，工具摆放整齐；化妆工具保持清洁；个人卫生仪表符合工作要求；进行妆前皮肤护理到位	A、B、C			
操作步骤	独立对照操作标准，运用准确的技法，按照规范的操作步骤完成实际操作	A、B、C			
操作时间	规定时间内完成任务	A、B、C			
操作标准	根据淡妆特点对肤色轮廓能有准确修正，定妆服帖自然；眼影晕染过渡均匀，眼线流畅清晰，真假睫毛贴和充分，下眼睑保持干净；腮红位置正确，颜色选择正确，晕染过渡均匀； 唇线清晰颜色正确饱和、唇色不外溢、不沾齿； 眉毛下缘线清晰，眉形搭配脸型正确； 整体妆容自然、细致、完整，符合反映淡妆特点	A、B、C			
总评及教师评价：					

任务评价

淡妆任务评价表

问题	解决方法

化妆对象评价	喜欢〇	一般〇	不喜欢〇	
自我评价			等级	
教师评价			等级	

任务二 浓妆

知识与技能平台

一、浓妆的特点

随着近年来社会发展，人们参与社交活动开始频繁起来，越来越重视工作、约会、宴请等重要场合自己的仪容仪表与形象问题。

欧式眼妆

浓妆适用于气氛热烈、光线较强的环境，最适合参加派对或宴会。浓妆化妆用色浓重艳丽，颜色之间对比强烈。浓妆艳抹不一定需要很多色彩，却一定能显出浓烈的效果。浓妆面部五官描画夸张，突出五官的立体结构与清晰度，让人在视觉上感到愉悦。

二、浓妆中彩妆产品的选择

1．粉底、遮瑕、修饰肤色类产品

在选择化浓妆的粉底、遮瑕、修饰肤色类产品时可选的范围较大，除了可以选用化淡妆的产品外，还可以选择遮瑕能力较强的霜妆粉底、膏状粉底。个人可以根据自己皮肤的状况进行选择。如果皮肤条件好，可以选择遮瑕力一般、质地轻薄的粉底液，皮肤条件不好，则可以选择遮瑕力强、质地偏厚的粉底霜或粉底膏来修饰肤色、掩盖皮肤的瑕疵。不过在选择粉底霜与粉底膏的时候需要注意的是不能选择质地太干的产品，太干的产品会导致粉底涂抹不服帖，妆面不太自然。应该选择水润型的产品，有很好的服帖性，让妆面自然干净。

浓妆可以强调妆面的立体感，可以在局部用亮色提亮，用暗色修容。粉底霜的颜色可以概括为自然肤色、深色、浅色三类。自然肤色是根据皮肤的条件选择与肤色接近或适合的颜色，如肤色白可以使用浅肉色的粉底霜，肤色偏黄则可使用偏紫色的粉底霜弥补修正；深色即侧影色，用于强调面部需要凹陷收缩的部位；浅色即亮色，用于需要突出、扩大的部位。

2. 眼影、腮红、唇膏有色类产品

浓妆的重点一般在眼妆、颊红、唇以及轮廓上体现，由于浓妆的特点，对于眼影、腮红、唇膏的选择余地较大。

（1）产品质地

浓妆在眼影、腮红、唇膏质地等的选择上，只要搭配合理都能产生很好的效果。

膏状眼影和摩丝眼影可以在浓妆上使用，膏状与摩丝状眼影的色彩饱和度更高，但是膏状眼影与摩丝眼影对新手来说不是很好掌握，而粉状眼影就相对容易掌握了。在眼影珠光含量上，细腻质地的珠光适合任何肌肤，质感丝滑易涂抹。细微的珠光使眼部看起来更亮丽。金属质地有闪亮的效果，是时尚聚会的专宠，也是浓妆的首选，而亚光眼影在浓妆中使用相对较少，只在一些特殊的妆面中使用。

使用膏状眼影时千万不要涂抹过量。过量的眼影膏很快就会堆积在双眼皮褶皱处，使妆容变脏。如果大量使用在眼角皱纹处，短时间内眼角皱纹就会显现出来。

由于浓妆的特点，选择腮红除了颜色，品质和质地的选择也很重要。选择的时候要根据各自的肤质来定。一般来说，常见的腮红有饼状、霜状和液体状三种。饼状的最为常用，要挑选粉末质地比较细致的；而霜状和液体腮红挑选的时候要选择油脂含量适中的产品，偏油或偏干都是不行的。对于爱出汗从而导致脱妆的人来说，防水腮红是不错的选择。使用腮红时可以先在手背上推开看看，使用时色彩均匀、颜色均匀地推开，会呈现自然均匀的红晕效果。

腮红在实际使用中要注意"少量多次"的准则，即每次刷腮红的时候不要用腮红刷蘸取过多的腮红，最好蘸取后先用手或化妆棉整理一下再刷，多次的少量轻刷，才会使腮红显得自然、若隐若现。

（2）色彩

淡妆应该选用颜色浅、纯度比较低、明度比较高的色彩，而在浓妆色彩选择时就需要选用纯度相对较高、明度跨度大的色彩组合起来使用。

选择腮红时，由于浓妆的特点，腮红是作为辅助整个浓妆的角色存在，所以在色彩上不必很夸张、很个性，要根据整体造型与妆面的色调来选择腮红。在妆面中腮红可以协调眼妆与唇妆的色彩，起承上启下过渡的作用。具体的色彩选择要根据妆面来确定，一般冷色调的眼妆和唇妆用冷色调的腮红，暖色调的眼妆与唇妆用暖色调的腮红。

在选择眼影色和唇膏色的时候，为了让妆面中眼妆更加突出，眼影与唇膏的色彩选择上首先要根据整体造型的色彩来确定。当选择与造型华丽的服装相对应的化妆品色彩的时候，应该遵循色彩和谐的原则。色彩和谐是指将各类色调如皮肤的颜色、头发颜色、眼睛的颜色以及服装的颜色协调一致。如果穿冷色调的衣服，如蓝色、紫色、青色加绿色、酒红、银色，就要用冷色系的口红和眼影来搭配；如果穿橘红、褐色、黄色等暖色调的衣服，就要用暖色调的口红和眼影来搭配；纯红、白色、灰色和深中性色彩的服装，冷色系和暖色系的口红与眼影都可以与之搭配。

总的来说，眼影与服装色彩搭配是要遵循一定的原则的，一般情况下，与衣服色彩相近是最佳选择。

3. 眉、眼线及睫毛膏常用色

在选用化浓妆的眉、眼线及睫毛膏常用色时，一般眉用较深的颜色如深棕色、深灰色、黑棕色。眼线与睫毛膏使用黑色或棕色，或与妆面特点相符合。如果妆面较特殊，可使用蓝色、绿色等比较跳跃的个性色彩与妆面相辅相成（图6-6）。

▲ 图6-6　浓妆

三、浓妆的化妆方法

浓妆的化妆可以夸张，这种夸张主要表现在强调面部五官的立体结构与清晰程度。在日常生活中，浓妆的化妆技巧有很多，而烟熏妆是常用浓妆化法中的一种。

烟熏妆，又称"熊猫妆"，此妆突破了眼线和眼影泾渭分明的老规矩，在眼窝处漫成一片。因为看不到色彩转换的痕迹，如同烟雾弥漫，而又常以黑灰色为主色调，看起来像炭火熏烤过的痕迹，所以被形象地称作"烟熏妆"。

在烟熏妆的基础上发展出来的"小烟熏妆"，更多考虑到了普通人的需要，多采用淡色眼影，贴近肌肤本色，塑造一种妩媚而不过分张扬的感觉。小烟熏妆适合几乎所有东方女性，因为东方女性眼窝不如西方人深，而小烟熏妆可以利用粉底、眼影来调整眼部轮廓，凸显眼部层次，小烟熏妆眼影晕染的范围也非常适合东方女性。

烟熏妆的化法如下：

1. 修眉

首先根据脸型选择合适的眉型，如小烟熏妆的眉形相对于淡妆而言可以浓粗一些，如常用的粗平眉眉型看上去更有力度。

2. 底妆

小烟熏妆可以用粉底把底妆调得白一点，利用深浅不同的粉底霜强调面部的立体结构，修饰脸型，使脸型轮廓立体生动。粉底霜的涂抹要牢固持久，尤其是眼部、鼻翼两侧等部位都要均匀涂抹；然后使用同色的蜜粉固定，以减少油脂分泌后面部产生的油光，并使妆面牢固持久。

3. 眼妆

眼妆2

独有的眼妆是烟熏妆的特色，所以化眼妆时需要强调。如果要让眼影的颜色更加突出亮丽，可以用含珠光的浅米黄色或金咖啡色膏状眼影在整个眼窝打底。再用眼影刷蘸上眼影，从靠近眼睑处开始着色，然后往眉骨上渐渐均匀晕开。每次蘸上眼影后都要从靠近眼睑处开始着色，再往上晕开，这样出来的颜色，层次均匀叠加，过渡自然柔和。在晕染过程中，重要的是不要忘记眼影的晕染范围，小烟熏妆晕染范围一般在眼睛睁开后眼皮上方处露出0.5厘米的宽度。晕染不要忽略在眼部留下适当的空白，下眼睑也应做相应的晕染，与上眼睑相协调，以弥补上眼睑涂眼影后下眼睑不足的轮廓缺陷，在上眼睑与下眼睑交会处也需要用眼影晕染至不留空白。

烟熏妆的眼型一般像一个平行四边形，内外眼角是锐角，画眼线时候可以依据这个形状去描画，最后上下眼线一定要连上，眼尾留白是画眼线最大的忌讳，一是不美观，二是给人感觉描画不精细，这些细节处往往是妆面给人印象的关键。

填满眼影后眼角可以拉长，从视觉上增加眼睛的长度，这种化妆法相当流行，可以让眼睛看上去更加有神、有魅力。

眼线、眼影画好并完成腮红和唇妆后，常要进行假睫毛粘贴。第一步必须根据眼的形状来对假睫毛进行修剪，确认眼头的位置，修剪出恰当的长度，修剪的时候一定要达到自然协调的效果。可以把假睫毛分三段剪开。第二步上胶水，胶水要选择质量比较好的胶水，这样贴出来的效果好。将适量胶水涂抹在睫毛根部。把假睫毛根据眼型弧线弯曲，这样能使睫毛更柔软，看上去更逼真，等胶水将干未干之时将假睫毛根部紧贴睫毛根部。贴的顺序依次为中间、眼头和眼尾，用棉棒或者手指轻轻按压，调整角度到达最佳效果，最后至完全固定即可。

4. 眉妆

用咖啡色的眉粉轻轻地扫出标准眉型的形状，然后再用眉笔描绘出一根一根的毛发的质感，这样完成的眉妆才会真实生动。

妆后眉毛的颜色应略浅于眼球的颜色。这样，眉毛与眼睛的色调才会比较协调，整个妆面才会主次分明。

5. 腮红

腮红主要是塑造脸部轮廓，从颧骨向斜上方打出，突出有立体感的面部轮廓。腮红色不需要很重，在妆面中能承上（眼影）启下（口红）就好。

6. 唇妆

唇部的色彩为了突出眼部妆面，不宜太过艳丽，选用与眼影色相协调的颜色就好。唇型为了与眼妆相协调则需要强调，唇型描画时候要特别注意边缘的细节，要求唇型边缘线条干净、整齐，不能弯曲或晕染出边。

实训平台

请同学结合以上所学知识通过小组合作的形式，根据浓妆要求为同学化一个浓妆。

一、实训准备

1. 工具：粉底、定妆粉、眉笔、眉粉、眼影、腮红、口红、唇彩、化妆棉、睫毛夹、化妆套刷。

2. 场地：本专业实训教室。

3. 人员：本专业学生。

二、实训内容

化浓妆程序参见图6-2，并填写实训检测表。

三、实训检测

实训检测表

评价内容	评价要点	评价等级	自评	小组评	实际等级
操作准备	独立完成化妆工作台的清洁整理，正确选择和使用光源；正确选择浓妆化妆品，工具摆放整齐；化妆工具保持清洁；个人卫生仪表符合工作要求；进行妆前皮肤护理到位	A、B、C			
操作步骤	独立对照操作标准，运用准确的技法，按照规范的操作步骤完成实际操作	A、B、C			
操作时间	规定时间内完成任务	A、B、C			
操作标准	根据浓妆特点对肤色轮廓准确修正，定妆服帖自然；浓妆眼影晕染过渡均匀，眼线流畅清晰，真、假睫毛贴合充分，下眼睑保持干净；浓妆腮红位置正确，颜色选择正确，晕染过渡均匀；唇线清晰颜色正确、饱和、唇色不外溢、不沾齿；眉下缘线清晰，眉型搭配脸型正确；整体妆容自然、细致、完整，符合反映浓妆特点	A、B、C			
总评及教师评价：					

任务评价

浓妆任务评价表

问题			解决方法	
化妆对象评价	喜欢 O	一般 O	不喜欢 O	
自我评价			等级	
教师评价			等级	

任务三　暖妆

知识与技能平台

一、暖妆的特点

当冬季寒流来袭，可利用暖色调彩妆来为妆容增加浓浓暖意，让温暖的容颜在寒风中焕发温暖光彩。

暖妆可分为柔和型和浓艳型。暖妆的妆色为色环谱上的暖色系列，如红色、橙色，使用的暖色浓重时，妆面效果艳丽醒目；使用的暖色浅淡时，妆面效果细腻柔和。

二、暖色系色彩属性

可见光分为七种颜色，其中一些光给人以温暖的感觉，称为暖光。由暖光组成的系列，就是暖色系。暖色系具有以下属性。

1. 兴奋感

红色和明亮的黄色调成的橙色——给人活泼、愉快、兴奋的感受。

2. 前进感

不同的色彩可以使人心理上产出不同的距离感，暖色可理解为前进色——膨胀、亲近、依偎的感觉，色彩明亮——前进。

3. 柔和感

暖色使人感觉柔和、柔软。

三、暖妆的常用色

暖妆常用色为红色、黄色、橙色等。

1. 粉底霜常用色

使用偏粉红色或棕红色的粉底霜使肤色显得红润健康。

2. 眼影与睫毛膏的常用色

属于暖色系列的颜色都可用于眼影。眼线使用黑色或棕色，睫毛膏或假睫毛也以棕色或黑色为主。

3. 腮红常用色

腮红常用色同眼影，如棕红、粉红、橙红、玫瑰红。

4. 眉毛常用色

眉毛常用色为黑色、棕黑色。

5. 鼻侧影常用色

鼻侧影常用色为棕色。

6. 唇膏常用色

唇膏常用色同眼影色。唇膏色要与其他部位用色协调，以达到艳丽、醒目或是细腻柔和的效果。

四、暖妆的化妆方法

暖妆的操作要符合妆型的要求，就整体妆面的特点，分清妆色的主次。

浓艳型暖妆（图6-7）可以表现热情奔放的个性，妆面整体效果艳丽醒目。粉底霜除了涂在面部外，还应根据服装的款式在身体其他裸露部位适当涂抹，并且利用粉底霜的颜色修饰脸型，突出立体结构。眼部是较为突出的部位，艳丽的暖色会使双眼闪烁出热情奔放的光彩，如充满激情的红色，象征吉祥高贵的金色，都可用于眼部化妆。在晕染眼影色时要保持各颜色间的均匀过渡，并用亮色提亮，颜色的重点在上眼睑的外眼角处。眼线要清晰整齐，线条流畅呈弧线形，并向外眼角延长。假睫毛可以加强眼部化妆艳丽效果。下眼线用同色眼影晕染。腮红不宜浓艳，强调肤色的自然红润即可。鼻侧影要柔和。唇色新鲜亮丽，暖妆的唇形圆润饱满，嘴角略微上翘，唇峰的曲线成弧线形，这样整体形象更为艳丽。

柔和型的暖妆（图6-8）要强调柔和细腻的妆面效果，使用的色彩是暖色系中的浅淡颜色，如浅橙红、粉红。粉底霜的使用量要少，涂抹时要尽量薄，以保持皮肤的自然光泽与透明状态。蜜粉使用浅粉红色并与肤色自然衔接。眼影可以使用浅粉红、浅橙红等比较柔和的颜色，将其均匀地涂于上眼睑。眼线需画得略细且整齐，以配合眼神的温柔平和。使用少量的睫毛膏来增加眼睛的明亮程度。如鼻型较标准，鼻侧影颜色要浅淡或是省略不画；如鼻型需要矫正，则鼻侧影的颜色过渡要自然柔和，否则会使缺点更加突出；腮红要浅，涂抹面积不宜过大，唇膏色与妆色要协调，并注意保持轮廓清晰整齐。

▲ 图6-7 浓艳型暖妆　　　　　　▲ 图6-8 柔和型暖妆

实训平台

同学们根据本任务所学的知识，通过小组合作形式，给你们的同学化一个暖妆。然后谈谈在化暖妆过程中遇到的问题。

一、实训准备

1. 工具：粉底、定妆粉、眉笔、眉粉、眼影、腮红、口红、唇彩、化妆棉、睫毛夹、化妆套刷。

2. 场地：本专业实训教室。

3. 人员：本专业学生。

二、实训内容

化暖妆的基本程序参见图6-2，并填写实训检测表。

三、实训检测

实训检测表

评价内容	评价要点	评价等级	自评	小组评	实际等级
操作准备	独立完成化妆工作台的清洁整理，正确选择和使用光源；正确选择暖妆化妆品，工具摆放整齐；化妆工具保持清洁；个人卫生仪表符合工作要求；进行妆前皮肤护理到位	A、B、C			
操作步骤	独立对照操作标准，运用准确的技法，按照规范的操作步骤完成实际操作	A、B、C			
操作时间	规定时间内完成任务	A、B、C			
操作标准	根据暖妆特点对肤色轮廓准确修正，定妆服帖自然；暖色眼影晕染过渡均匀，眼线流畅清晰，真、假睫毛贴合充分，下眼睑保持干净；暖妆腮红位置正确，颜色选择正确，晕染过渡均匀；唇线清晰，颜色正确、饱和、唇色不外溢、不沾齿；眉毛下缘线清晰，眉型搭配脸型正确；整体妆容自然、细致、完整，符合暖妆特点	A、B、C			
总评及教师评价：					

任务评价

暖妆任务评价表

问题			解决方法		
化妆对象评价	喜欢〇	一般〇	不喜欢〇		
自我评价				等级	
教师评价				等级	

任务四 冷妆

一、冷妆的特点

　　冷妆的颜色是色环谱上的冷色系列。所谓冷色，即在颜色中不同程度地加入了偏蓝色的颜色。冷妆又分为浅淡型和浓重型。使用的冷色浓重时，妆面效果冷艳神秘；使用的冷色浅淡时，妆面效果清爽洁净。

二、冷色系的色彩属性

　　1. 沉静感

　　青色、青绿色、青紫色等冷色调让人感到安静、沉稳、踏实。

　　2. 后退感

　　冷色给人镇静、收缩、遥远的感觉。

　　3. 强硬感

　　冷色给人坚实、强硬的感觉。

冷色眼妆

三、冷妆的常用色

冷妆使用颜色多为蓝色、绿色、灰色等颜色。

1. 粉底霜常用色

冷妆粉底霜使用的颜色偏浅，使面部五官显得立体，并略显消瘦。

2. 眼影、眼线与睫毛膏常用色

冷色系中的任何颜色都可以作为眼影色使用。眼线使用黑色、蓝色、绿色、紫色等较重的冷色，睫毛膏使用与眼影、眼线相一致的颜色。

3. 眉毛常用色

眉毛常使用黑色与棕色。

4. 鼻侧影常用色

鼻侧影常使用棕色系列。

5. 腮红常用色

腮红常使用棕色与紫色，可以突出冷妆浓重时的妆面效果；浅紫红色适于浅淡的冷妆。

6. 唇膏常用色

唇膏常用色与腮红常用色相同。唇膏色与其他部位用色一致。为了使唇的描画更具有立体效果，可将深浅不同的两种颜色的唇膏搭配使用。

四、冷妆的化妆方法

进行冷妆操作时，所进行的一切程序都要紧紧围绕着"冷"字做文章，即用深浅不同的冷色来强调冷妆特点。首先，选择主色调，即确定冷色系中的一种颜色作为本次妆型的主要用色，例如选用了紫色，那么整个妆面的主色调即为紫色，它将在妆面中占有重要的位置，如需要再使用其他的颜色，也应是少量使用，这样颜色有主有次，表现的妆型才会有整体感。其次，各部位之间的用色也要分清主次，如强调了眼部的化妆，则其他部位的颜色都不能强于眼妆用色，以避免各个部位都显得抢眼、醒目，妆型反而缺乏重点，失去了魅力。

1．妆色浓重的冷妆型

表现冷艳神秘的妆型特点，需按照正确的化妆程序进行操作。准备工作就绪后，利用粉底霜掩饰皮肤缺陷并修饰脸型轮廓。冷艳神秘的妆面效果，面部五官必须有立体感，且脸型要显得略为消瘦，颜色深浅不同的粉底霜会加强面部结构的立体效果；眼影的过渡要柔和自然，眉梢下部用亮色提亮，如白色、银色；眼线色深而整齐，外眼角延长并向斜上方略挑，可以佩戴假睫毛，使眼睛更具有立体效果，粘贴假睫毛时，向外眼角处外移，这样眼睛轮廓会加大；眉色要画得深浅有序，显示女性高贵与冷艳；腮红色与唇色一致，并保持妆面的洁净，达到妆型要求（图6-9）。

2．妆色浅淡的冷妆型

表现洁净清爽的妆型特点，可以用于春夏两季的日常生活中，整个妆面以浅淡的冷色为主，如浅蓝、浅绿、浅灰色。颜色之间的搭配要自然和谐，化妆后应没有明显的用色痕迹，各部位的描画都要表现清爽、自然、柔和的状态，这样妆面完成后才可达到妆型所要求的效果（图6-10）。

▲ 图6-9　妆色浓重的冷妆　　　▲ 图6-10　妆色浅淡的冷妆

实训平台

同学们根据本任务所学的知识小组合作化一个冷妆吧！然后谈谈在化妆过程中遇到的问题。

一、实训准备

1. 工具：粉底、定妆粉、眉笔、眉粉、眼影、腮红、口红、唇彩、化妆棉、睫毛夹、化妆套刷。

2. 场地：本专业实训教室。

3. 人员：本专业学生。

二、实训内容

化冷妆的基本程序参见图6-2，并填写实训检测表。

三、实训检测

实训检测表

评价内容	评价要点	评价等级	自评	小组评	实际等级
操作准备	独立完成化妆工作台的清洁整理，正确选择和使用光源；正确选择冷妆化妆品，工具摆放整齐；化妆工具保持清洁；个人卫生仪表符合工作要求；进行妆前皮肤护理到位	A、B、C			
操作步骤	独立对照操作标准，运用准确的技法，按照规范的操作步骤完成实际操作	A、B、C			
操作时间	规定时间内完成任务	A、B、C			
操作标准	根据冷妆特点对肤色轮廓准确修正，定妆服帖自然；冷色眼影晕染过渡均匀，眼线流畅清晰，真、假睫毛贴合充分，下眼睑保持干净；冷妆腮红位置正确，颜色选择正确，晕染过渡均匀；唇线清晰颜色正确、饱和、唇色不外溢、不沾齿；眉毛下缘线清晰，眉型搭配脸型正确；整体妆容自然、细致、完整，符合冷妆特点	A、B、C			
总评及教师评价：					

任务评价

冷妆任务评价表

问题	解决方法

化妆对象评价	喜欢〇	一般〇		不喜欢〇	
自我评价				等级	
教师评价				等级	

综合训练

一、选择题

1. 淡妆适用粉底可选择（　　）。

A. 粉底液　　　　　　　　B. 粉底霜　　　　　　　　C. 粉条　　　　　　　　D. 粉饼

2. 浓妆适用粉底可选择（　　）。

A. 粉底液　　　　　　　　B. 粉底霜　　　　　　　　C. 粉条　　　　　　　　D. 粉饼

3. 日妆的妆色应（　　）。

A. 艳丽　　　　　　　　　B. 夸张　　　　　　　　　C. 淡雅自然　　　　　　D. 若有若无

4. 冷妆眼影一般用（　　）色。

A. 红色　　　　　　　　　B. 蓝色　　　　　　　　　C. 橙色　　　　　　　　D. 黄色

5. 不是暖妆腮红常用的色彩是（　　）。

A. 棕红　　　　　　　　　B. 粉红　　　　　　　　　C. 玫红　　　　　　　　D. 紫红

二、判断题

1. （　　）淡妆尤其突出了眼部的美化，宜用深色眼影制造时尚的烟熏妆。

2. （　　）淡妆所使用的颜色纯度较低，明度较高。

3. （　　）日妆不需要使用粉底膏，用粉底液即可。

4. （　　）浓妆的腮红以冷色为主，可稍浓重艳丽。

5. （　　）红、橙、黄都属于暖色。

6. （　　）浓艳型暖妆可以表现人物的热情奔放，妆面效果艳丽醒目。

7. （　　）冷妆使用的颜色多为蓝色、灰色、绿色等。

8. （　　）冷妆的腮红色常用棕色和浅粉色。

9. （　　）浓重的冷妆能表现出冷艳神秘的妆型特点。

10. （　　）清爽的粉底液一样适用于艳丽的浓妆。

三、简答题

1. 请简述浓妆、淡妆、冷妆和暖妆各自的特点。

2. 试述浓妆的化妆方法。

3. 简述淡妆的化妆方法。

4. 冷妆与暖妆在常用色彩和化妆手法方面有哪些不同之处?

项目七

化妆造型

[导读]

化妆造型是在掌握基础化妆的基础上，融入整体造型元素，从服装、发型、形体、职业等造型元素方面综合打造的化妆艺术。造型化妆不能简单地理解为仅是面部彩妆的塑造，而应是整体形象的和谐统一。

通过学习本项目造型化妆的原理及不同妆型的造型化妆特点，能够在不同的环境中根据人物自身形象特点和需求，完成相应的整体造型。

[项目目标]

☆了解化妆造型设计原理，提升审美能力。

☆了解造型设计基本要求，掌握化妆造型设计的构思过程。

☆掌握发型与整体形象的关系，以配合妆型设计。

☆掌握服装与整体形象的关系，以配合妆型设计。

☆掌握形体与整体形象的关系，以配合妆型设计。

☆掌握日妆的操作方法，能根据不同形象条件和展示环境，做出相应的日妆造型。

☆掌握晚宴妆的操作方法，能够区分并创作出不同类型晚宴造型。

☆掌握新娘妆的操作方法，了解传统新娘妆与现代新娘妆的区别。

[关键词]

整体造型　日妆　职业妆　晚宴妆　新娘妆

案例引入: 杨丽准备去造型工作室实习,这家工作室是针对不同的顾客量身定制妆容的。在实习之前,老师给杨丽讲授了很多关于化妆造型的知识和技能。面对形象不同、需求各异的顾客,杨丽该如何运用化妆造型知识,做出合适的妆型呢?

任务一　化妆造型设计 ──────────────

知识与技能平台

一、化妆造型的设计原理

化妆造型设计的过程是充分表现美容师的审美能力与造型设计技巧的过程。进行妆型设计必须具有良好的美学基础、发型知识、服饰知识,而且要将这些知识与造型对象的各方面条件相配合,才能完成整体设计。

1. 培养审美能力对于化妆造型设计的重要性

人的审美活动是在社会生活中依照对于美的理解而逐渐形成的对美的认识,并在这种认识的过程中,完成自身创造美的过程。化妆造型设计是综合性极强的一门艺术,完成化妆整体造型的前提是化妆师必须具有良好的审美素养,这样设计完成的妆型作品才会具有一定的欣赏价值。因此美容师的审美能力至关重要。

审美能力包括审美感知力，审美想象力，审美创造力和审美情感四方面。

审美感知力是指对于美的感受能力，能在众多的事物中感受到美好的那部分。培养审美感知力的最好方式是到大自然中去，到社会生活中去，去发现一切引发审美感知的人、事、景、物，在感受自然生命和社会事物的同时，逐步提高审美感知力。经常性的观察、体验与比较，会提高对美的事物的敏感程度。

审美想象力是把已知道的事物或形象在大脑中经过改造、组合、提炼，重新塑造成崭新的美好形象。如果大脑空空如也，也就无从想象了。在日常生活中，必须在大脑中积累大量的感知材料，才能利用想象力使作品更充实，更美，更具有生命力。

审美创造力是指在实践中按照美的规律，表现美并创造美。感知力、想象力与情感因素是心理活动的能力，而创造力则是通过实践来表现的。

审美情感是指作品完成后所产生的强大的感染力，表现为观众对于艺术作品的评价。人的情感是对客观世界的一种特殊的反映方式，是人对客观事物是否符合自身需要的体验。情感丰富，内心世界才会充实。欣赏艺术作品是培养和丰富审美情感的极好途径，可提升人的审美水准，在化妆造型设计作品中融入了情感因素，则形成了完整的审美过程，即感受美，想象美，创造美，融入美的体现。

2. 化妆造型设计的主要内容

（1）构思妆型。化妆师的灵感来源于生活，一个完整的妆型可以全面地反映出设计者的文化水平与艺术修养。构思妆型是进行妆型设计的第一步，即为自己的作品确定主题。例如，"冷色系的晚宴妆"，这一预先设计的妆型，在确定主题的基础上展开的各个过程都要紧紧地围绕这个主题，使框架逐渐丰满起来。构思完成后的妆型要富有艺术感染力，不要模仿他人，而将自己的创意和灵感融入其中，强调妆型作品的内涵及人物的个性美是构思妆型的前提。

（2）观察造型对象。妆型要符合造型对象的个性，同样，造型对象的条件也要符合妆型的特点，两者相辅相成。例如，冷色系的晚宴妆型，其特点是冷艳神秘，那么矮胖型的造型对象一般不适合这一妆型，消瘦高挑，面部五官结构凹凸明显，富有立体感，神情冷艳的造型对象则比较符合此妆型的特点。总之，造型对象的气质、体型、五官都要与妆型协调，这样展现的妆型才是富有感染力的。

（3）搭配妆色。色彩是有情感的，人们对于不同的色彩会产生不同的心理反应。在化妆造型中，要充分利用色彩的情感因素来强调妆型的特点，使妆型与人物内在气质相和谐。例如，橙红给人的感觉是温暖、醒目、愉快，进行化妆造型设计时若要表现明朗、温暖的妆型时，选择橙色比较适宜，但是如果选择灰色调来表现这一妆型，可能效果就不如预想的好。所以妆色与妆型一定要统一。

（4）搭配服饰。造型对象的穿着与饰物的佩戴要与妆型的风格保持一致，搭配得当的服饰会使妆型更加完整。例如，穿着裁剪合体、颜色淡雅的职业套装，佩戴简单优雅的首饰，会尽显职业女性的干练与成熟。相反，职业妆型的服装款式夸张，颜色艳丽，饰物复杂烦琐，便与工作环境与气氛不相符。设计妆型时必须考虑到服饰与妆容是否协调，是增加了妆型作品美的程度还是破坏了整体美感。

（5）搭配发型。梳理相适宜的发型可以使妆型趋于完整。晚宴妆造型可以利用光滑的发丝、轮廓饱满的盘发发型，使妆型更加高雅华丽，特点突出。如果妆色适合妆型，服饰搭配得当，唯独发型蓬乱无光，也不能表现出妆型的整体效果。

3．化妆造型的设计要求

在化妆造型中，造型对象的特点、妆型、妆色、服饰与发型这几个要素构成了妆型设计的主要内容。要注意强调各方面的统一和谐与整体效果的关系，妆型所适合的环境，妆型与人物的个性等都要保持一致。

（1）和谐美。首先，妆型要与环境和谐。例如，在工作环境不宜浓妆艳抹，而在社交晚宴上则可或高雅或艳丽。另外，根据季节的变化，妆型、妆色也要随之产生变化。春、夏两季妆面宜清爽自然，而秋、冬两季则可以使用遮盖力较强的化妆品掩饰面部缺陷，妆色也可略为浓重（图7-1）。

▲ 图7-1 化妆造型（一）

其次，妆型要与人物个性特点协调。化妆的目的在于突出优点，弥补缺点，表现良好的个人形象。每个人的相貌不同，性格各异，如果给相貌不同、性格各异的人设计相同的妆型，那么表现的人物形象则千篇一律，毫无个性特征和辨识度。应该根据造型对象的肤色、性格、气质等进行设计，把握住其性格特点中较突出的方面，并利用化妆的技巧使之充分发挥，使人物形象极具个性。

（2）整体美。化妆造型要追求整体效果，在造型过程中，要考虑妆色、线条、发型、服饰的整体搭配。

首先，妆色要表现妆型的整体美。化妆时需要使用多种不同的颜色达到妆型设计的要求。眼影、眉色、腮红，鼻侧影和唇色都要按照妆型特点统一安排，各个部位的用色要分清主次，不能每个部位都突出强调，那样只会使妆面失去重点并缺乏整体美感。例如，眼睛清澈明亮，大而有神，就可以利用妆色突出眼睛的魅力，其他部位如唇红，腮红的色彩便要适当地抑制、收敛，这样既突出了妆面的重点，又表现了妆型的整体美。

其次，线条要表现妆型的整体美。化妆时使用的线条要符合妆型的要求，与妆面风格保持一致。妆型不同，线条也要产生变化。例如，少女妆活泼可爱，线条则自然流畅；职业妆要突出女性的成熟与理智，线条则可简洁、干练；但如果在同一妆型中所使用的线条不同，妆型便会显得凌乱，且没有表现力，无法让人产生与妆型特点相符合的美感。

最后，发型与服饰也要表现妆型的整体美。发型与服饰要与妆型的特点一致。妆型高贵典雅时，发型与服饰要正式并有较强的礼节性；妆型活泼随意时，发型与服饰则可显得休闲舒展。切忌妆型因与发型、服饰不一致而显得不伦不类，甚至滑稽可笑，破坏了妆型的整体效果。

化妆造型设计是综合性较强的艺术形式，是由多方面内容集聚而成的，主要表现的是人的个性魅力。在进行妆型设计时，要把各方面的因素有机地结合起来，使其相互配合，相互作用，创造和谐、整体的妆型作品。

二、发型与整体造型的关系

发型是构成人物整体形象的重要组成内容之一，发型的变化可以反映出人物性格的多个侧面，合理搭配发型必须处理好发型与整体造型的关系。

1. 发型线条与整体造型的关系

发型线条简单地可以区分为卷曲线条与直线条两种。长卷曲线条的发型浪漫、优雅，适合成熟的女性（图7-2），短卷曲线条活泼，充满活力，适合性格活泼的女性；长直线条的发型飘逸、流畅，适于文静优雅的女性；短直线条的发型则灵活、动感，适于充满青春活力、富有朝气的女性。

▲ 图7-2　化妆造型（二）

2．发型颜色与整体造型的关系

毛发的颜色一般有棕色、黑色、红色、黄色等。这些发色有的是遗传的，有的则是漂染而成的。利用毛发的颜色也可表现人物的性格。一般来讲，黑棕色发表现为沉静，含蓄；棕红色发显得易冲动；金黄发的表现力较强。对不同性格的人可以根据色彩所显示的性格特点选择头发的颜色。

3．发质与整体造型的关系

毛发的性质大致可分为中性发质、油性发质、干性发质。中性发质弹性强，水分适中，易于造型；油性发质油脂成分多，烫发时不容易出花，染发时也不易上色，在进行造型前一定要保证头发的洁净；干性发缺乏油脂与水分，发质干枯，不易造型，不能经常烫与染，要使用补充养分的护发用品进行护理。头发稀软的人不应留长发，否则会暴露发质的缺点，应将头发适度卷曲，使其略微蓬松，增加发量感；而发质粗硬且多的人则不易烫发，应梳理成自然整洁的样式，并定期修剪，保持头发的合适长度。

4．发型与脸型的关系

人的脸型大致可以分为七种：长脸型、圆脸型、方脸型、正三角脸型、倒三角脸型、菱形脸型与椭圆脸型。发型与脸型的搭配原则是使各种脸型接近比较标准的椭圆脸型。

（1）长脸型。长脸型的特点是额头较宽，鼻长、两颊消瘦。长脸型的人形象成熟，但是缺乏活力。在搭配发型时，要使脸颊两侧的头发蓬松，并且留刘海遮住额头，缩短脸型的瘦长程度，使脸型显得丰满。

（2）圆脸型。圆脸型的特点是额头宽大，两腮丰满，给人单纯、可爱的感觉。在配合发型时，两侧的头发应尽量服帖，顶部蓬松，并露出额头，使脸型显得瘦长。

（3）方脸型。方脸型的特点是额头宽大，两腮突出，方脸型的人面部棱角突出，冷静刚毅，方脸型女性略有男性化特征。在搭配发型时要使头发略微卷曲，弯曲的线条使人显得比较温柔，并可以掩饰宽大的额头与两腮。

（4）正三角脸型。正三角脸型的特点是额头较尖，两腮突出，视觉效果上窄下宽，这种脸型给人的感觉是老成庄重，但是显得人行为迟缓。在配合发型时，要使发型的顶部蓬松，轮廓饱满，两侧适当地遮盖腮部，人便会显得有精神。

（5）倒三角脸型。倒三角脸型的特点是额头宽大，下颔尖，视觉效果上宽下窄。这种脸型给人的感觉是灵活、秀气。在配合发型时，顶部轮廓自然服帖，两侧或发梢可略为蓬松。

（6）菱形脸型。菱形脸型的特点是额头窄，颧骨突出、下颏窄，面部缺乏生气。在配合发型时，额头两侧的头发要蓬松、饱满，双耳附近的线条要自然流畅，这样可以减少人们对于其凸出的颧骨的注意力。

（7）椭圆脸型。椭圆脸型在"三庭五眼"的比例适中，是比较标准的脸型，适于各种发型。

三、服装与整体造型的关系

服装也是一种语言，它可以表现出着装者的艺术品位和审美水平，还能反映出着装者的情绪与性格特点。搭配得体的服装可以使人在社交场合引人注目，工作场合舒适自如，显示出一定的美感（图7-3、图7-4）。

1．服装与职业的关系

从事室内工作的人宜穿着裁剪合体、款式庄重的职业装，这样的服装适合工作时的气氛，并能与工作的环境形成协调统一的效果；从事户外工作的人穿着工作服，可以抵御风沙并起到保护身体的作用。此外，如运动员在赛场上穿运动服，警察在值班

▲ 图7-3　服饰造型（一）

▲ 图7-4　服饰造型（二）

时穿警服。总之，不同职业的人在工作场合穿着具有职业特点的服装会使人感受到服装的社会属性，明确穿着者的职业特点，反之，则会显得不伦不类，甚至影响到所从事的工作。

2．服装与体型的关系

身材匀称的人穿各式服装都会有较好的效果，而对于体型不完美的人，在着装时，可借助服装不同的款式，弥补体型的不足之处。不同体型与着装要点见表7-1。

（1）O形体型。O形体型的人臀围较大，胸部与腹部明显突出，体内脂肪堆积，外观呈圆形。这种体型的人在搭配服装时，宜选择柔软面料，穿着有延伸感的服装，以拉长体型。衣服的下半部不能膨大，不宜穿紧身服装。

（2）H形体型。H形体型的人直腰高臀，缺乏女性凹凸的曲线美。在搭配服装时如强调垫肩与下半身的蓬松感觉，会显得腰细，避免突出粗直的腰部。

（3）A形体型。A形体型的人上身较瘦，臀部较大、腿较粗。在搭配服装时要强调女性的成熟与典雅，上半身的服装款式尽量要有垫肩，这样肩部线条会显得饱满，肩宽了下半身就不会显得体积大。适合穿长裙或阔腿裤。

（4）×形体型。×形体型的人胸部高、腰部细，选择服装的空间很大，宜穿软质面料的服装，款式应简洁大方。

表7-1　体型特点与着装要点

体型	特征	着装要点
O	臀围大，胸腹明显	柔软面料，线条延展
H	直腰高臀	加垫肩，臀部廓形
A	溜肩，臀大腿粗	加垫肩，长裙或阔腿裤
×	胸高，腰细	适合多种服装

3．服装与色彩的关系

色彩不仅能表达感情、传递信息，并且还蕴含着强烈的审美效果，具有一定的象征意义（图7-5）。

（1）服装色彩与肤色

健康的肤色是偏暖的颜色，如果上衣的主色调为暖色时，则应有少量的冷色作为协调使用的颜色，以使肤色显得

▲　图7-5　丰富的色彩

健康自然。肤色偏黄，服装的颜色要选择黑色或紫色。肤色偏黑，选择浅蓝、米白等柔和的颜色。肤色白则选择服装颜色的范围就比较广，深浅皆可。

（2）服装色彩与体型

颜色的光波不同，会产生不同的视觉效果。暖色与亮色会产生扩张的感觉，冷色与暗色会有收缩的效果，所以体型偏胖者不适宜穿着暖色与亮色的衣服，而体型较瘦的人则不宜穿着冷色、暗色的服装。

（3）服装色彩与年龄

年轻女性的服装色彩可丰富些，既可淡雅也可艳丽，而中老年人则应穿着色彩略为鲜明的服装，看上去人会显得年轻、时尚。

（4）服装与脸型

服装的衣领部位引人注目，对于衣领的款式要格外注意，尽量与脸型协调。例如，长脸型的人服装衣领不宜太深，应以水平领式为宜，以增加脸型的丰满程度，圆脸型的人选用V字形的领口，以使脸型显得瘦长。以此类推，服装的领口式样与脸型应能互相弥补缺陷，突出优点。

四、形体与整体造型的关系

人的形象在距离的作用下，首先引起视觉注意的是外轮廓，即形体轮廓。形体与整体造型的关系大致可分为两部分内容，即体型与姿态（图7-6）。

1．体型

每个人的体型给予的视觉效果都是不相同的，这是因为人的体型直接决定了人体外在的曲线轮廓。人的体型在外部构造上是左右对称的，如双眼、双臂、双腿。人体身高应是自身8个头长；头的长度相当于胸背厚度；肩宽约是身高的1/4；向两侧平伸两臂的宽度等于身高；两腋之间的宽度与臀部宽度相等；乳部与肩胛骨在同一水平线上；大腿前后厚度相当于头的厚度，跪下

▲ 图7-6 形体塑造

时身高减1/4。

在整体形象上，肥胖的人显得迟钝、缓慢，适度地进行减肥对于提升整体形象极为重要。同样，过于消瘦的人也不具有美感，会显得脆弱、无力。因此，无论胖者或瘦者，都应该调整自己的体型。形成肥胖或消瘦的主要原因是身体的肌肉没有弹性，不结实，肥胖的人脂肪多，消瘦的人脂肪少，脂肪的多、少都会影响体型的外观。如肥胖者可通过适当的锻炼减少脂肪、修复肌肉，使肌肉丰满，富有弹性，这对于体型的健美有很大的益处。

从高矮来讲，体型高的人比较容易穿衣打扮，体型矮小的人，要通过穿着不同款式的服装与鞋使身材显高。同样身高的人，腿长的人显得略高；肩部水平线高的人要比肩部水平线低的人显得略高。

了解了胖瘦、高矮与体型的关系，就要调整不符合良好比例的体型。通过适度的锻炼，合理的着装，掩盖体型的缺陷，并配合合理的饮食，使体型匀称健美，这样体型的曲线才会具有美感。

2．姿态

姿态对于人的整体形象极为重要。在经过精致细腻的化妆后，服饰、发型与体型都已趋于完美，如果再具有优雅的风度、得体的言谈举止，会使得整体形象达到真正的和谐统一。

这里所讲的姿态主要是社交时的坐姿、走姿与站姿。

（1）坐姿。坐时要挺直腰与背部，双腿并拢侧放，将双手自然放至膝上，不要分腿而坐或是随意地跷起腿，尤其是穿着裙装时，否则显得失礼，不雅、不美。

（2）走姿。行走时，尤其是穿高跟鞋时，要挺直腰背，吸气挺胸，下颌微扬，两眼自然注视着前方。

（3）站姿。站立时挺直腰背，挺胸抬头，两肩略向后展，两腿并拢，神情自然放松。

除了坐姿、走姿与站姿，还有许多社交礼仪应为女性所掌握并应用。女性即使不具备美丽的外表，但是有优雅的姿态、高雅的气质也会使整体形象趋于完美。

实训平台

请同学们观察班里的一位同学，并对这位同学的外形特点做记录。

分组讨论，观察是否准确。

一、实训准备

1. 工具：人物图片，笔记本，绘图用具。

2. 场地：教室。

3. 人员：学生。

二、实训内容

人物分析（教师提供不同条件人物图片），并进行讨论。

三、实训检测

实训检测表

评价内容	评价要点	评价等级	自评	小组评	实际等级
操作准备	独立完成人物分析过程中需用的文具的摆放；文具保持清洁；个人卫生仪表符合工作要求	A、B、C			
操作步骤	独立对照操作标准，运用准确，语言表达清晰	A、B、C			
操作时间	规定时间内完成	A、B、C			
操作标准	1.准确做出正确判断： （1）人物五官条件说明； （2）人物脸型鉴别； （3）人物发色与现有发型记录； （4）人物体型分析； （5）适合服装建议。 2.独立设计人物分析表	A、B、C			
总评及教师评价：					

任务评价

化妆造型设计任务评价表

问题			解决方法		
化妆对象评价	喜欢〇		一般〇		不喜欢〇
自我评价				等级	
教师评价				等级	

任务二　不同类型化妆的造型特点

知识与技能平台

一、日妆

1. 日妆的特点

日妆，又称为"裸妆"，妆容完成后几乎看不出化妆的痕迹，妆色自然。妆面的重点是强调肤质和眼部的细节。日妆的展示范围较大，既可以用于日常的生活与工作，也可以用于简单的平面拍摄，适合不同年龄层次的人（图7-7）。

2. 日妆的表现方法

日妆在生活中应用很广，可以根据环境的变化适当地调整妆容重点。首先，使用粉底液调整肤色与肤质。皮肤的状态是日妆的关键，既要体现均匀自然的肤色，又要强调光滑细腻的肤质，所以，粉底液的选择很重要。要使用与肤色接近、质地细腻的粉底液。需要注意的是，蜜粉的使用量一定要少，过多过厚的蜜粉会影响皮肤的质感。

▲ 图7-7　日妆妆容

其次，眼部的化妆因人而异，要根据眼型的条件与脸型轮廓选择眼影的用色。日妆

　　　　化妆基础

的眼影晕染面积较小，在睫毛的根部将眼影逐渐晕染均匀，不宜使用夸张的晕染方法；眼线可根据眼型来描画，线条要求自然整齐；可以根据个人喜好选择不同色的睫毛膏，睫毛膏的颜色不宜夸张，眉色以棕黑色为主；腮红颜色浅淡柔和；唇色应与整体妆色协调统一；画唇时尽量保持嘴唇的自然轮廓，涂色后力求圆润饱满，如果其他部位妆色较浅淡，唇色则应适中。

最后，是整理发型与搭配服饰。淡妆是化日妆的基础，日妆的变化范围较大，但不同于淡妆的是，利用淡妆的化妆技巧进行针对性较强的整体造型，日妆需要强调的是人物的性格特点与职业、环境、气质修养等方面的整体效果。

实训平台

同学们利用已掌握的化妆技术，分小组实践一下日妆的实际操作。

一、实训准备

1. 工具：化妆品及化妆工具，妆前、妆后清洁及护肤用品，消毒酒精。

2. 场地：本专业实训教室。

3. 人员：本专业学生。

二、实训内容

日妆的操作

1. 化妆品及化妆工具摆台。

2. 化妆师消毒双手后为化妆对象做皮肤清洁和护理前的准备工作（如帮助化妆对象穿护衣、束发或包头）。

3. 妆前护肤。

4. 日妆操作。

5. 完成操作，填写学习任务单。

6. 清洁整理操作区，关闭电源。

三、实训检测

评价内容	评价要点	评价等级	自评	小组评	实际等级
操作准备	独立完成工作台的清洁与整理，正确选择和使用光源；化妆品选择正确，陈列整齐；化妆工具保持清洁；个人卫生仪表符合工作要求	A、B、C			
操作步骤	独立对照操作标准，运用准确的技法，按照规范的操作步骤完成实际操作	A、B、C			
操作时间	在规定时间内完成	A、B、C			
操作标准	粉底轻透自然，肤色洁净；眼妆柔和浅淡，无明显的修饰痕迹，睫毛自然上翘无打结；眉毛左右对称，眉色自然柔和；唇妆浅淡；发型与服装适合日妆展示环境，自然、轻便	A、B、C			
总评及教师评价：					

二、晚宴妆

1. 晚宴妆的特点

晚宴妆适用于气氛较隆重的晚会、宴会，妆型色彩对比强烈，搭配丰富，可以充分显示女性的高雅、妩媚与个性魅力。晚宴妆要求妆色与服饰、发型协调一致。

2. 晚宴妆的表现方法

（1）适用于正式社交场所的晚宴化妆。 正式的社交场合在许多方面沿袭了传统的礼仪，要求出席这种场合的女性形象端庄、高雅，言行举止符合礼仪习惯，因此，晚宴化妆造型要求高雅、华贵，富有女性美丽。服饰与发型要符合妆型（图7-8）。

正式社交晚宴妆的整体用色要淡雅、不宜过于浓艳，浓艳的妆色并不能较好地表现女性的端庄与高雅。首先，使用质地细腻且遮盖力较强的粉底在面部均匀涂抹，利用粉底深浅不同的颜色强调面部的立体结构，并突出细腻光滑的肤质。由于正式的晚宴女性通常穿着晚礼服，所以裸露在礼服外的皮肤都需要涂抹粉底，使整体肤色一致。涂均匀后使用蜜粉定妆，并扫去多余的粉；其次，是五官的描画，在妆面上不要出现过多的颜色，那样会显得妆型凌乱且有失高雅。眼部化妆的眼影用色要简单，不宜夸张。为了增加高雅华贵的女性魅力，可以粘贴假睫毛。假睫毛要提前修整好，使其长度适中，过长的假睫毛会使妆面效果失真。在粘贴时要贴紧睫毛根部，使真假睫毛融为一体。眉毛形状略高挑且有流畅的弧度，眉色自然，不宜过黑。腮红色要柔和，涂抹面积不宜过大，与肤色自然衔接即可。唇型要求勾勒整齐，轮廓清晰，唇膏色与整体妆色协调。为了适应晚宴的环境及社交礼仪，涂唇膏后用纸吸去多余的油分，然后施一层薄粉，再涂一遍唇膏，这样既可保持唇色牢固持久，还可以避免唇膏粘在餐具上，影响形象。

正式晚宴妆的发型与服饰都要庄重高雅，要与妆面整体效果一致，使女性在正式的社交晚宴中展现出端庄高雅的个性魅力。

（2）适用休闲场所的晚宴化妆。休闲场所的晚宴气氛热烈、活跃、约束力小，此时的妆型随意性较强，可有创意色彩，是强调创造力与个性表现力的妆型（图7-9）。

休闲场合的晚宴化妆用色可以夸张，面部描画的线条也可以适度夸张，以充分展现个性魅力。粉底液要求涂抹均匀而且牢固，洁净的肤色会使妆面效果干净，就如同在白色的纸上绘画一样。

在使用色彩时，冷色与暖色都可以使用，但要求所用色彩与服饰及妆型风格协调一致。

眼部化妆可夸张，眼线延长并适当加粗，紫色、绿色、蓝色都可以作为眼线的颜色，并可配以同色的假睫毛使眼妆独具魅力。此外，金色、银色等闪光颜色用在妆面上会符合宴会热烈活跃的气氛，并极具个性与创意。

唇部可进行多色搭配。可以点缀亮色，与眼妆呼应。发型与服饰等也都可以夸张，使整体的造型富有创意色彩，表现出女性的个性魅力。

（3）适用于比赛的晚宴化妆。随着美容化妆内容的丰富，为了促进各项技艺之间的交流，各种妆型都可作为参赛的项目，晚宴化妆作为赛事中重要的一项内容为选手及观众所关注。参赛的晚宴妆要求妆型高雅、华贵，妆色艳丽，并要适合赛场上较强烈的灯光环境（图7-10）。

▲ 图7-8 晚宴化妆（一）　　　▲ 图7-9 晚宴化妆（二）　　　▲ 图7-10 晚宴化妆（三）

比赛用的晚宴化妆整体造型可以夸张，是与休闲型的晚宴化妆截然不同的。比赛要突出妆面的高雅与华丽，具有较好的舞台效果。例如，眼影的晕染要均匀，用色与模特的气质特点和服饰整体协调，晕染方法符合世界化妆的流行趋势与模特的眼睛条件，可以适当添加闪亮颜色，突出舞台效果。

晚宴妆的发型与服饰要配合妆型，做到在近距离欣赏时细腻、柔和，整体感强；远距离欣赏时，整体效果突出、醒目、高贵、华丽，引人注目。

实训平台

为家人打造一款适合正式场合的晚宴妆。

一、实训准备

1. 工具：化妆品及化妆工具，妆前、妆后清洁及护肤用品，消毒酒精。

2. 场地：本专业实训教室。

3. 人员：本专业学生。

二、实训内容

晚宴妆的操作（正式社交场合晚宴妆，生活休闲晚宴妆，比赛用晚宴妆）

1. 化妆品及化妆工具摆台。

2. 化妆师消毒双手后为化妆对象做皮肤清洁和护理前的准备工作（如帮助化妆对象穿护衣、束发或包头）。

3. 妆前护肤。

4. 晚宴妆操作（正式社交场合晚宴妆、生活休闲晚宴妆、比赛用晚宴妆）。

5. 完成操作，填写实训检测表。

6. 清洁整理操作区，关闭电源。

化妆基础

三、实训检测

评价内容	评价要点	评价等级	自评	小组评	实际等级
操作准备	独立完成工作台的清洁与整理，正确选择和使用光源；化妆品选择正确，陈列整齐；化妆工具保持清洁；个人卫生仪表符合工作要求	A、B、C			
操作步骤	独立对照操作标准，运用准确的技法，按照规范的操作步骤完成实际操作	A、B、C			
操作时间	在规定时间内完成	A、B、C			
操作标准	粉底牢固服帖，肤质细腻，肤色洁净；眼妆眼影晕染过渡自然，色彩搭配协调，眼线流畅，真假睫毛衔接自然；眉毛左右对称，眉色过渡自然；唇色与妆色协调；发型与服装适合晚宴环境	A、B、C			
总评及教师评价：					

三、职业妆

1．职业妆的特点

适于职业女性在工作环境中展示的妆容。职业女性的形象应该是符合其职业特点的。例如，管理人员要保持精神饱满，办事要利索，行动果断严谨；销售人员需要强调形象的可靠与信任感，仪态大方；从事公关工作的女性则应保持亲切、温柔、善解人意，与各方面建立良好的工作关系。职业女性的造型要淡雅、含蓄，根据工作或活动场合的需要可适当靓丽，但不宜浓妆艳抹，要表现职业女性理智与成熟的风韵，妆容符合工作环境特点。

2．职业妆的表现方法

（1）适用于工作环境的职业妆

妆色淡雅含蓄，妆面效果自然，保持时间长久。粉底的用量要少，稍薄的粉底可以保持皮肤原有的透明状态，粉底涂得过厚会堵塞毛孔，在工作紧张，身体疲劳的时候易使皮肤发生病变。粉底的颜色要与肤色接近，并能掩盖住面部的瑕疵。眉型自然，描画时强调质感，边缘不能生硬。眼影的晕染范围重点在上眼睑的外眼角处，面积不宜过大，眼影可以起到强调眼型轮廓的作用，若眼型需要矫正时，则可以根据眼睛条件选择晕染的范围与位置。眼线线条整齐、干净。睫毛卷曲后刷少量的睫毛膏增加眼

项目七　化妆造型　　　　·163·

睛的神采。色浅淡柔和，过于浓艳的颜色会使妆面显得俗气。描画唇型时力求自然大方，并且注意轮廓的清晰与对称。唇色不宜浓艳，要以自然的颜色为主，这样整体妆色会保持一致，职业妆使用唇色应不易褪色，牢固持久的唇色会使职业女性在一天的工作中保持良好的形象。发型整齐大方，切忌凌乱。服装款式简洁，色彩淡雅。

（2）适用于工作社交的职业妆

妆色可稍亮丽，但不失职业女性的端庄，尤其要注意妆色的牢固持久。涂粉底时可以强调面部五官的立体结构，加强凹凸效果，粉底霜涂完后，面部皮肤的颜色要与颈部皮肤颜色自然衔接，并使用透明的蜜粉定妆。定妆后用双手轻按皮肤，这样蜜粉与粉底的衔接会更加牢固，面部也会呈现出自然滋润的状态。眉的描画要符合标准眉型的要求，眉头、眉峰与眉尾的位置要准确。眼影可以使用比较亮丽的颜色，使妆面富有活力，在晕染时要过渡均匀，不能出现大面积的颜色块，可以适当地延长，以加长眼形。选择腮红色时，首先要考虑肤色，如果肤色晦暗，腮红色不宜过于艳丽；如果肤色健康，则可以根据服装的颜色选择。无论挑选何种颜色，都应浅淡柔和，与肤色衔接。唇色与腮红色及妆色统一协调，并要牢固持久。发型要整齐，服饰的色彩可以适当艳丽，但是款式依然应保持大方与端庄，在亮丽中不失庄重，以表现职业女性的理智与成熟。

实训平台

同学们互为模特，设计一款适合工作环境的职业妆。

一、实训准备

1. 工具：化妆工具及化妆品，妆前与妆后清洁及护肤品，消毒酒精。

2. 场地：本专业实训教室。

3. 人员：本专业学生。

二、实训内容

职业妆的操作

1. 化妆品及化妆工具摆台。

2. 化妆师消毒双手后为化妆模特做妆前准备工作。

3. 职业妆操作。

4. 完成操作，填写实训检测表。

5. 清洁整理操作区，关闭电源。

三、实训检测

实训检测表

评价内容	评价要点	评价等级	自评	小组评	实际等级
操作准备	独立完成工作台的清洁与整理，正确选择和使用光源；化妆品选择正确，陈列整齐；化妆工具保持清洁；个人卫生仪表符合工作要求	A、B、C			
操作步骤	独立对照操作标准，运用准确的技法，按照规范的操作步骤完成实际操作	A、B、C			
操作时间	在规定时间内完成	A、B、C			
操作标准	粉底轻透自然，肤质细腻，肤色洁净；眼妆眼影晕染过渡自然，色彩搭配协调，眼线流畅，睫毛自然；眉毛左右对称，眉色过渡自然；唇色与妆色协调；发型与服装适合职业环境	A、B、C			
总评及教师评价：					

四、婚礼妆

婚礼是人生中极为重要的仪式，婚礼的形式多种多样，隆重而热烈的婚礼会给人留下难忘的记忆。由于不同区域婚俗各异，加之季节气候的不同，新娘与新郎在婚礼上的装扮要与地区、风俗习惯、季节等协调一致。

婚礼妆

1. 婚礼妆的特点

婚礼妆要根据不同地区的风俗习惯、婚礼举行的季节及所穿着的婚礼服装选择化妆用色。婚礼妆用色以暖色为主。随着人们观念的变更，冷色也逐渐被用于婚礼的化妆中。

婚礼妆可以分为新娘妆和新郎妆。新娘妆要表现新娘端庄温柔的女性魅力；新郎妆则以不露化妆痕迹为宜，适当的修饰可显示其英俊潇洒的阳刚之美。新郎装与新娘妆都要突出婚礼的喜庆气氛。

2．新娘妆的表现方法

新娘是婚礼中最引人注目的人物，新娘的言谈举止，化妆与服装都要符合喜庆隆重的婚礼场面。将一位普通的女性装扮成温柔美丽的新娘，可依靠精致细腻的化妆技术与相应的发型和服装。

（1）传统式新娘妆

传统中式服装具有东方的古典美。新娘妆可利用传统中式服装表现新娘的柔美，例如旗袍就可以充分体现女性的曲线美，突出新娘的女性魅力。

传统新娘妆的服装与妆色都使用暖色，使妆色与服装谐调。化妆时，首先使用粉底强调面部五官的立体结构与肤色的细腻洁白。涂抹时要边涂抹边轻按皮肤，使粉底更为牢固。质地良好的粉底和正确的涂抹方法可以使新娘在婚礼举行的过程中保持良好的肤质效果，且不易使妆容脱落。其次可使用暖色系的化妆品深入化妆。传统新娘妆的面部用色要浅淡柔和，浓艳的颜色会使妆面显得俗气，而自然红润的妆色会表现新娘的娇媚并突出婚礼的喜庆隆重。眼影在上眼睑的晕染范围不宜过大，可以使用浅淡的粉红、橙红、珊瑚红等暖色晕染，但要注意避免产生"红眼皮"。眼线清晰整齐，使用睫毛膏增加眼部的明亮程度。眉毛形状弯曲自然，眉色不宜浓黑，应为棕黑色或自然色。腮红宜浅淡，制造出白里透红的肤色效果。唇色与服装色、眼影色统一，并要求牢固持久。随着婚礼的进行，要时刻注意修妆补妆，保持妆面的洁净与牢固（图7-11）。

（2）现代式新娘妆

现代新娘妆多穿着婚纱和礼服。婚纱轻柔飘逸，新娘妆要表现新娘的清新、美丽与纯洁无瑕。根据季节和喜好选择与新娘体型相适应的婚纱，可以将新娘的美丽发挥得淋漓尽致，并显示婚礼的圣洁与隆重（图7-12）。

穿婚纱的新娘妆，无论使用冷色与暖色都可以收到较好的效果。粉底选择自然透气的粉底液为宜。婚纱的款式以裸露肩部、臂部居多，涂粉底时，一定要将裸露在外的全部皮肤均匀地涂抹，使肤色整体协调统一。面部结构在涂粉底时也要进行调整。眼部化妆时可以粘贴修剪长度适中的假睫毛，使眼睛目光清澈、柔和，眼形轮廓更加清晰。眉型的描画要求舒展流畅，眉色自然；腮红效果宜若有若无，颜色浅淡；唇色要牢固持久。

配合婚纱款式的花饰可烘托婚礼的喜庆气氛，使新娘更加妩媚动人。另外应注意及时修妆补妆，使新娘在婚礼的过程中一直保持清新美丽的形象。

（3）礼服式的新娘妆

除了穿着传统服装与婚纱外，高贵典雅的礼服可以表现新娘的成熟美与独特的个性魅力。穿着礼服的新娘妆要强调个性，用色冷、暖皆可，但也需要与礼服色调和谐统一。对于五官的描画要细腻，充分体现新娘的性格特点，并适合婚礼的气氛与环境，发型与配饰要具有整体的美感，切忌过于花哨烦琐。

（4）新郎妆的表现方法

新郎的整体造型要与新娘统一协调。例如，礼服与婚纱搭配，中式服装或正式的礼服与旗袍相搭配（图7-13）。

新郎化妆力求浅淡自然，以不露明显的化妆痕迹为佳，可以对局部进行适当的修饰。例如，加重眉色，强调男性的阳刚之气；唇与颊尽量不施色，避免脂粉气过重；如果面色较差，可涂少量的粉底，粉底的颜色不能太白，要使用浅棕色，这种颜色较适合男性皮肤颜色；发型要简洁整齐，适当使用固发用品，使发型不散乱，这样在整体造型上会具有整体感。

▲ 图7-11 传统式新娘妆

▲ 图7-12 现代式新娘妆

▲ 图7-13 新郎妆

实训平台

请同学们创作一款新娘造型，要求实用美观，并把作品拍成照片。

一、实训准备

1. 工具：化妆品及化妆工具，妆前、妆后清洁及护肤用品，消毒酒精，化妆棉。

2. 场地：本专业实训教室。

3. 人员：本专业学生。

二、实训内容

新娘妆的操作

1. 化妆品及化妆工具摆台。

2. 化妆师消毒双手后为化妆模特做妆前准备工作。

3. 新娘妆操作。

4. 完成操作，填写实训检测表。

5. 清洁整理操作区，关闭电源。

三、实训检测

实训检测表

评价内容	评价要点	评价等级	自评	小组评	实际等级
操作准备	独立完成工作台的清洁与整理，正确选择和使用光源；化妆品选择正确，陈列整齐；化妆工具保持清洁；个人卫生仪表符合工作要求	A、B、C			
操作步骤	独立对照操作标准，运用准确的技法，按照规范的操作步骤完成实际操作	A、B、C			
操作时间	在规定时间内完成	A、B、C			
操作标准	粉底牢固服帖，肤质细腻，肤色洁净；眼妆眼影晕染过渡自然，色彩搭配协调，眼线流畅，真、假睫毛衔接自然；眉毛左右对称，眉色过渡自然；唇色与妆色协调；发型与服装适合新娘展示环境	A、B、C			
总评及教师评价：					

任务评价

不同类型化妆的造型特点任务评价表

问题		解决方法	
化妆对象评价	喜欢○	一般○	不喜欢○
自我评价		等级	
教师评价		等级	

综合训练

一、填空题

1. 审美感知力是指对美的_____。

2. 完整的妆容作品可以全面反映出化妆师的_____和_____。

3. 服装的穿着与饰物的佩戴要与妆型风格_____。

4. 化妆造型设计要追求整体效果，要考虑到化妆造型设计要和_____、_____、_____、_____整体搭配。

5. 发型的线条可分为_____和_____。

6. 形体与整体形象的关系可分为两部分内容：_____和_____。

7. 日妆可用于日常的_____和_____。

8. 人体的比例头部为身高的_____。

二、单项选择题

1. 身材矮胖的人着装宜选用（　　）布料。

A. 冷色竖条纹   B. 暖色小花格

C. 大花格   D. 暖色横条纹

2. 美容师在选择服装时，身材瘦高者宜选用（ ）布料。

A. 小碎花图案　　　　　　　　　　B. 竖长条图案

C. 横条纹的图案　　　　　　　　　D. 色彩素、颜色深的

3. 日妆中，不适合用（ ）色的眉笔。

A. 黑色　　　　　B. 灰色　　　　　C. 棕色　　　　　D. 紫色

4. 妆色浅淡的中老年妆可表现中老年人的（ ）。

A. 和蔼可亲　　　　B. 活力　　　　C. 年老　　　　D. 平淡无味

5. 不属于审美能力的是（ ）。

A. 审美感知力　　　　B. 审美想象力　　　　C. 审美创造力　　　　D. 审美反思力

三、判断题

1.（ ）腰围较粗的人应选择穿紧身衣突出身体轮廓。

2.（ ）正式场合的晚宴妆造型要求高贵华丽，具有女性魅力。

3.（ ）审美想象力是不需要积累的，是自然产生的。

4.（ ）妆型要与人物特点协调，化妆的目的就是突出优点，弥补缺点。

5.（ ）长直线条的发型适合热情浪漫的女性。

6.（ ）在为长脸型搭配发型时，两侧要伏贴，顶部要蓬松。

7.（ ）服装也是一种语言，能表现出着装者的艺术品位和审美情趣。

8.（ ）传统新娘妆具有东方的古典美，眼影用色以冷色为主。

9.（ ）适用于工作环境中的职业妆淡雅含蓄，效果自然。

10.（ ）模特在造型设计中的作用不大，无论什么妆型，任何模特都可以表现。

四、简答题

1. 化妆设计的主要内容是什么？

2. 晚宴化妆有哪些特点？

3. 职业妆有哪些特点？

4. 新娘妆有哪些特点？

参考文献

[1] 马大勇，云髻凤钗. 中国古代女子发型发饰 [M]. 济南：齐鲁书社，2009.

[2] 黄能馥，陈娟娟. 中国服装史 [M]. 北京：中国旅游出版社，2000.

[3] 高春明. 中国服饰名物丛考 [M]. 上海：上海文化出版社，2001.

[4] 纪云华，杨纪国. 中国文化简史 [M]. 北京：北京出版社，2008.

防伪查询说明

用户购书后刮开封底防伪涂层，利用手机微信等软件扫描二维码，会跳转至防伪查询网页，获得所购图书详细信息。也可将防伪二维码下的20位密码按从左到右、从上到下的顺序发送短信至106695881280，免费查询所购图书真伪。

反盗版短信举报

编辑短信"JB，图书名称，出版社，购买地点"发送至10669588128

防伪客服电话

（010）58582300

学习卡账号使用说明

一、注册/登录

访问http://abook.hep.com.cn/sve，点击"注册"，在注册页面输入用户名、密码及常用的邮箱进行注册。已注册的用户直接输入用户名和密码登录即可进入"我的课程"页面。

二、课程绑定

点击"我的课程"页面右上方"绑定课程"，正确输入教材封底防伪标签上的20位密码，点击"确定"完成课程绑定。

三、访问课程

在"正在学习"列表中选择已绑定的课程，点击"进入课程"即可浏览或下载与本书配套的课程资源。刚绑定的课程请在"申请学习"列表中选择相应课程并点击"进入课程"。

如有账号问题，请发邮件至：4a_admin_zz@pub.hep.cn。